수학은 문해력이다

수학언어로 키우는 사고력

차오름 지음

마그리트서재

수학은 문해력이다
수학언어로 키우는 사고력

2015년 4월 15일 초판 1쇄 발행
2024년 11월 15일 2판 2쇄 발행

지은이 차오름
펴낸이 최은실
펴낸곳 마그리트서재

편집 전일순
디자인 디자인오늘
이미지 ⓒ shutterstock

등록번호 2018-000054(2018년 6월 11일)
전화 031)754-0244
팩스 031)752-0244
주소 13642 경기도 성남시 위례동로 135 신성위캐슬타워 7층

ISBN 979-11-970236-2-0 03410

ⓒ 차오름, 2023

값 18,500원

사전 동의 없는 무단 전재 및 복제를 금합니다. 잘못 만들어진 책은 바꾸어 드립니다.

들어가는 말

> 우주는 수학적 언어로 쓰여 있으며, 문자는 삼각형과 원,
> 그리고 다른 기하학 도형들이다. 그것들을 모르면
> 인간은 우주의 언어를 단 한 단어도 이해할 수 없다.
> 그것들이 없다면 우리는 캄캄한 미로 속을 헤멜 뿐이다.
> - 갈릴레오 갈릴레이Galileo Galilei

  왜 하필 40명이었을까요? '알리바바와 40명의 도둑'이라는 이야기에서 가장 궁금했던 것은 도둑의 정체가 아니라 도둑들이 왜 하필 40명인가였습니다. 40이라는 숫자에 어떤 의미가 담겨있는 것은 아닐까요? 예수는 열두 제자를 두었습니다. 그는 왜 12명의 제자를 두었던 것일까요? 그냥 우연이었을까요? 12라는 숫자에 어떤 의미를 두었던 것은 아닐까요? 이렇게 숫자에 질문하자 마치 숫자가 어떤 비밀을 담고 있는 것처럼 느껴졌습니다. '손가락은 왜 하필 다섯 개일까'라는 질문은 숫자 5의 너머에 비밀스러운 의미의 세계가 있을 것 같은 느낌을 줍니다. 인간이 만든 모든 영역에 숫자가 들어갑니다. 숫자에 담긴 의미를 풀 수 있다면 하나의 비밀을 알 수 있을 것입니다.
  태양과 지구, 달 등 우주에 떠 있는 행성과 항성들은 왜 대체로 동그란 구 모양일까요? 수백억 년 동안 똑같은 모습을 유지하고 있는 비결은 무엇일까요? 혹시 동그라미는 어떤 능력을 가지고 있는 것은 아닐까요?

동그라미, 삼각형, 사각형 등 모양과 형태는 단순한 생김새가 아니라 어떤 힘과 에너지, 능력을 표현하고 있는 것일 수도 있습니다. 모양과 형태에 대한 궁금함은 존재하는 것들에 대한 질문으로 나아갑니다. 사람은 왜 사람의 모습, 육체를 갖게 되었을까요? 나무는 왜 나무의 모양과 형태를 갖게 되었을까요? 이 세상에 몸을 가지고 있는 것들은 모두 특별한 모습과 형상을 하고 있습니다. 그들마다 각각 자신의 몸을 갖게 된 이유를 알고 있을까요? 모든 모양과 형태 또한 어떤 의미를 담고 있습니다. 모양과 형태의 시작은 점, 선, 면입니다. 점, 선, 면은 기하학에서 사용하는 언어들입니다. 점, 선, 면은 화가가 그림을 그릴 때, 마치 자음과 모음처럼 사용하는 그림의 언어들입니다. 삼각형, 사각형, 원은 선으로 표현된 도형 언어들입니다.

$E=mc^2$. 아인슈타인이 발견한 자연의 비밀, 자연의 법칙을 표현한 방정식입니다. 과학자들은 수학 언어로 자신이 발견한 자연의 비밀들을 방정식으로 표현합니다. '질량(무게를 가진 것)이 있는 것은 모두 에너지이다.' 또는 '질량이 있는 것은 모두 에너지로 만들 수 있다.'라는 것이 아인슈타인 방정식이 알려주는 비밀입니다. 과학자들이 발견하고 증명한 법칙들은 모두 자연의 비밀들입니다. 숨겨진 비밀. 그 비밀을 표현할 수 있는 언어는 수학 언어입니다. 수학 언어는 비밀을 담고 있는 언어입니다. 인간은 추론을 통해 비밀을 풀어갑니다. 숨겨진 세계, 은폐되고 가려진 곳, 차원이 다른 세계를 추론을 통해 알아갑니다. 수학 언어는 추론해야만 진실에 도달할 수 있는 언어입니다.

수학은 가장 추상적이며 가장 비감각적인 세계를 다루며 표현합니다. 인간의 생각 속에서, 사유 속에서 마치 상상하듯이 계산하고 측정하며 사고실험을 합니다. 분석하고 추론해야만 사용할 수 있는 수학 언어. 수학 언어는 때때로 느낌이나 감각을 배반합니다. 감각이나 감정에 따라 달라지는 것이 아니라 모두가 똑같이 생각할 수 있는 언어가 바로 수학 언어입니다. 수학 언어는 국제언어, 세계 보편언어입니다. 1+2=3은 번역 없이 세계 어느 곳에서나 통하는 문장입니다. 수학 문법, 수학 문장은 출신 국가나 언어에 상관없이 통용되는 국제언어입니다. 수학 언어로 쓴 문장이 수식입니다. 세계 공통으로 수식은 왼쪽에서 오른쪽으로 읽습니다. 수학 문장의 낱말들을 라틴어 알파벳, 그리스 알파벳 등에서 가져와 사용합니다.

수학 언어에서 큰 몫을 차지하는 것이 자연수 1,2,3,4,5,6,7,8,9입니다. 각각의 숫자마다 여러 가지 뜻과 의미를 담고 있습니다. 문학과 예술에서 아라비아 숫자는 의미를 담고 있는 상징으로 사용합니다. 자연수, 아라비아 숫자는 상징언어입니다. 피타고라스를 비롯해서 고대에는 숫자에 어떤 신비로운 힘이 있다고 믿었습니다. 나라마다, 민족마다 숫자 문화가 존재합니다. 지금, 현대사회에서도 상징수학으로서 숫자 언어가 사용되고 숫자 문화가 소통되고 있습니다.

수학 언어로 자연의 비밀에 대해 호기심과 궁금함을 풀 기회가 되길 바랍니다. 만약 수학이 최고의 지식이라면 수학 언어를 통해서 지식의 기쁨을 누릴 수 있기를 바랍니다. 수학 언어와 함께 더욱 깊이 생각하기와 추론하기, 감각의 너머에 있는 또 다른 세계를 사유할 수 있는 지적 모험을 체험할 수 있기 바랍니다.

2023년 4월 위례 지혜의 숲에서
차오름

차례

들어가는 말 • 3

1부 생각하는 방법, 사유법으로서 수학언어

1. 수학에서 가장 중요한 낱말은 무엇일까? 등호(=)의 비밀 • 11
2. 사칙연산의 언어 더하기, 빼기, 곱하기, 나누기가 만든 감정들 • 28
3. 수학언어의 욕망, 100% 생각의 일치를 꿈꾸는 언어
   깔끔하고 투명하며 오해하지 않는 언어는 가능할까? • 30
4. 자연수가 만들어낸 세계, 자연수가 창조한 사고력 • 60
5. 수학이 사랑하는 것과 미워하는 것은 무엇일까? • 72
6. 존재하는 것들의 비밀을 알려주는 특별한 수 0(제로) • 80
7. 수학이 알려주는 사랑의 방정식, 승리의 방정식
   방정식의 의미 • 91
8. 수학언어가 만들어낸 세계들 정수, 유리수, 무리수의 세계 • 104
9. 이 세상을 모두 사로잡을 수 있는 마법의 수학언어, 집합 • 121
10. 미래를 예측하는 수학언어, 함수 • 131
11. 순간과 영원함을 정복하는 수학언어, 미분적분 • 144
12. 최고의 추상언어, 패턴언어
    무섭고 두려운 능력, 추상(抽象 abstraction)이란 무엇인가? • 157

2부 자연수에 담긴 사고력, 상징수학

1. 이 세상에 단 하나밖에 없는 것은 무엇일까?
   왜 왕들은 늘 한 명일까? • 177
   [1이 탄생한 이야기] • 185

2. 눈은 왜 두 개일까?
   세상에서 가장 바쁜, 세상의 모든 만남을 이어주는 숫자 언어 • 187
   [2의 주변에서는 왜 늘 소리가 날까] • 185

3. 가장 힘이 센, 그래서 겸손을 모르는 숫자
   3번 부르면 왜 위대해지는 것일까? • 197
   [3은 왜 위대한 것일까? 3은 과연 겸손할 수 있을까? 3의 이야기] • 202

4. 봄 여름 가을 겨울: 사각형의 비밀
   중국의 한자를 만든 창힐은 왜 눈이 4개였을까? • 205
   [4의 탄생에 얽힌 이야기, 왜 눈이 4개여야만 언어를 만들 수 있을까?] • 215

5. 손가락은 왜 다섯 개일까?: 지구를 지키는 독수리 5형제
   세상에서 가장 사이 좋고 재주 많은 다섯 형제를 아시나요? • 218
   [5가 발휘하는 초능력 이야기, 세상을 사로잡기 위한 손가락의 비밀] • 224

6. 꿀벌들은 왜 6각형으로 집을 지을까?
   눈송이는 왜 육각형 모양으로 만들어지는 것일까? • 226
   [눈송이에 담긴 6의 사연] • 230

7. 신은 7을 무척 좋아하셨다. 왜일까?
   일주일은 왜 7일로 이루어져 있을까? • 233
   [7이 숨기고 있는 신의 비밀이야기] • 238

8. 아라크네는 왜 다리가 8개인 거미가 되었을까? • 240
   [8에 담긴 거미 이야기] • 245

9. 구미호(九尾狐)는 왜 꼬리가 9개일까?
   꼬리가 아홉 개인 여우는 과연 사람이 될 수 있을까? • 247
   [9에 담긴 여우이야기] • 252

참고도서 • 254

1부

생각하는 방법,
사유법으로써 수학언어

1 수학 언어에서 가장 중요한 낱말은 무엇일까?

등호(=)의 비밀

수학은 등호를 위해
존재하며, 수학을 대표하는
낱말은 등호 '='이다

등호(等號 equal)의 비슷한 말=늘, 항상, 쭉, 영원, 기억 등

모든 수학 문제에 꼭 들어가는 낱말, 기호는 등호 '='입니다. 수학은 '=' 등호를 구하기 위해 발명되었습니다. 모든 수학 문제, 수학적 사고는 등호 '='를 해결하기 위해 존재합니다.

$$1+1=2$$

한국어로 이 문장은 '일 더하기 일은 이'로 읽습니다. 등호는 '은'과 '는'으로 읽습니다. 수학과 과학의 목표는 자연과 우주, 세계 속에서 등호(=)를 찾는 것입니다. 과학자들이 발견한 방정식은 곧 등호의 결과를 표현한 것이지요. 수학자와 과학자들은 서로 다른 것들 속에서 같은 것을 찾

으려고 열심히 연구하고 추적합니다. 그들은 등호를 찾는 사람들입니다.

등호는 여러 가지 이름을 가지고 있어요. 수학 언어에서는 등호라고 부르지만, 생활 속에서 많이 쓰이는 등호의 이름은 '같다'입니다. 수학 문제에서 등호는 '같게 만들어라', 또는 '같은 것을 찾아라'라는 뜻입니다. 수학에서는 등호(=)로 쓰이지만 여러 분야에서 같은 의미로 사용되는 낱말은 매우 많습니다.

등호의 가족들, 등호의 비슷한 낱말들

같음, 똑같다, 항상, 늘, 불변, 일치, 통일, 동일, 영원, 하나, 동등, 개념, 평등, 합일, 차이가 없다, A=A 동일률, 변함없이, 일정하다, 쭉, 공통점, 복제, 반복, 재현, 부활, 재생, 복사, 기억, 기계, 변환, 치환, 은유, 비유, 직유, 제유, 환유 등

문학과 예술, 경제와 사회, 역사 및 철학 같은 다양한 분야에서 등호의 가족들이 활동하고 있어요. 등호는 수학에서만 사용되는 것이 아니라 모든 지식, 학문, 인간이 언어로서 사유하는 모든 곳에서 이루어지는 하나의 사유법입니다. 시인들은 "내 마음은 호수"라고 노래하지요. 마음과 호수가 같다는 뜻입니다. 사람의 마음과 호수가 어떻게 같은 것이 될 수 있을까요? 닮은 점을 찾아서 같은 것으로 주장하는 것입니다. 문학에서 이 사유법을 은유와 비유라고 합니다. 은유와 비유 또한 서로 다른 것들에서 같은 것을 찾습니다.

1+1=2.

이 덧셈식은 세계의 공통언어입니다. 이 수학 문장은 세계 모든 사람이 알아먹습니다. 통역이 필요 없는 문장입니다. 이 수학 문장에서 가장 중요한 기호, 중요한 낱말은 무엇일까요? 그렇지요. 바로 '='입니다. 이 기호의 이름은 등호입니다. 등호의 역할은 '1+1'과 '2'를 같은 것으로 만

드는 것입니다. 1과 2는 분명 생김새도 다르고, 하는 역할도 다른데 '='는 같은 것으로 만들어 버리지요. 등호는 '같은 것으로 만들기'라는 뜻과 의미를 지니는 수학의 기호, 수학의 낱말입니다.

수학 언어에서 등호는 동사의 역할을 한다

수학 문장에서 등호는 동사의 역할을 하기도 합니다. '똑같은 것을 찾아라', '똑같은 것으로 만들어라' 등의 의미로 사용됩니다. 등호는 '답을 찾아라'라는 의미에서도 동사의 역할이기도 합니다. 풀어야 할 문제는 왼쪽에 있고 등호 '=' 건너편 오른쪽에서 답을 찾아야 합니다. 등호의 의미는 왼쪽의 문제와 똑같은 것을 찾으라는 뜻입니다. 등호는 곧 명령입니다. 왼쪽에 있는 1+1과 같은 것을 찾으면 그것이 곧 답이 되지요. 답을 구하는 것, 답을 알아내는 것이 수학 문제라면, 등호는 수학의 목표입니

등호는 마치 다리처럼 생겼다. 다리는 이곳과 저곳을 연결한다. 다리는 서로를 통하게 한다. 서로 닮아가고 같아지도록 한다. 교환하고 옮겨가고 하나가 되게 한다.

다. 그래서 모든 수학 문제에는 등호(=)가 들어갑니다.

등호(=)는 마치 건너다니는 다리처럼 생겼습니다. 수학에서 등호를 두 개의 평행선, 마치 다리처럼 표현한 사람은 영국의 수학자이자 의사인 레코드(Robert Recorde, 1510 ?~1558)라고 알려져 있습니다. 등호(=)는 왼쪽의 문제에서 등호를 건너 오른쪽으로 답이 건너가는 것, 이동하는 것처럼 느껴집니다.

과학에서 유명한 방정식 중 하나가 아인슈타인이 발견한 'E=mc²'입니다. 이 방정식에도 등호(=)가 들어갑니다. 이 방정식은 '에너지(E)는 질량(m)과 태양상수(빛의 속도c)제곱을 곱한 것이다'라는 의미입니다. '에너지와 질량은 같다'라는 것이 아인슈타인이 발견한 비밀입니다. 아인슈타인이 이 방정식을 발견하기 전에는 아무도 에너지와 질량이 같다는 것을 생각하지 못했습니다. 서로 다른 것이 같다는 것을 발견한 셈이지요. 이 방정식 때문에 질량을 갖는 것, 즉 지구에서 무게를 가지고 있는 것들은 모두 에너지로 만들 수 있게 되었습니다. '서로 다른 것처럼 보이지만 같다.' 이것이 아인슈타인이 발견한 등호의 사유법입니다. 서로 다른데 같다는 것을 발견함으로써, 서로 다른 것을 같은 것으로 만드는 능력이 생겨납니다. 아인슈타인만이 등호의 능력을 발휘한 것은 아닙니다. 뉴턴은 무엇을 발견했을까요? 뉴턴의 방정식, 'F=ma'가 있지요. 이 방정식의 의미는 '힘과 질량, 가속도가 모습만 다를 뿐 같다'라는 뜻입니다.

등호는 서로 다른 것을 같은 것으로 바꿀 수 있는 능력을 발휘합니다. 아인슈타인의 방정식에서는 무게가 있는 것, 질량을 가지고 있는 것을 에너지로 바꿀 수 있게 합니다. 뉴턴의 방정식에서는 질량(무게)을 가지고 있는 것을 힘으로 바꿀 수 있다는 것을 보여줍니다. 등호는 마법을 부립니다. 이것을 저것으로 바꿀 수 있는 마법사입니다.

'사과'라는 낱말은 먹을 수 있는 사과가 아닙니다. 그럼에도 우리는 먹을 수 있는 사과와 낱말로서의 '사과'를 똑같은 것으로 생각합니다.

'장미'라는 낱말에서 장미의 향기를 맡을 수는 없습니다. 그러나 향기 나는 장미와 낱말로서 '장미'를 같은 것으로 생각합니다. '컵'이라는 낱말은 물을 담을 수 없어요. 그럼에도 '컵'은 문장 속에서 물을 담을 수 있는 컵으로 표현됩니다.

먹을 수 없는 '사과'라는 낱말을 먹을 수 있는 사과와 같은 것으로 사유할 수 있는 인간의 능력이 언어를 사용할 수 있도록 합니다. '사과'라는 낱말과 과일 사과가 전혀 닮지 않았음에도 같은 것으로 생각하는 능력이 바로 수학에서 사용하는 등호의 사유법입니다.

수학 언어에서 사용하는 등호(=)와 문학 언어에서 사용하는 등호(=)의 차이는 무엇일까요? 수학과 과학 문제에서 답은 대부분 하나입니다. 답이 두 개인 수학 과학 문제는 거의 없습니다. 그러나 문학과 예술, 사회언어에서는 비슷한 낱말이 많습니다. 수학에서는 등호의 답이 하나라는 것, 문학과 예술, 사회언어에서는 답이 여러 개일 수 있다는 것이 둘의 차이입니다.

지식은 곧 등호의
사유법으로 탄생했다

수학 문제를 푸는 것, 답을 찾는 것은 결국 '같은 것'을 찾는 일입니다. 서로 다른 것을 같은 것으로 만들기가 곧 수학 문제를 푸는 것이지요. 모든 수학 문제에 들어있는 등호(=)가 그것을 증명합니다. 다른 것 속에서 같은 것 찾기, 왜 같은 것을 찾아야 할까요?

똑같은 것을 찾아라. 왜 똑같은 것을 찾아야 할까요? 똑같은 것을 찾아야 하는 사람들은 누구일까요? 먹을 수 있는 것을 찾아라. 먹을 수 있는 것의 공통점은 무엇일까요? 과연 무엇을 먹어야만 살 수 있을까요? 먹을 수 있는 것들의 똑같은 점은 무엇일까요? 모두가 다른 것들인데, 다른 것들 속에서 먹을 수 있는 것들을 찾아라. 이것은 음식에 대한 지식이 없었던 사람들, 원시인들, 선사시대에 살았던 사람들의 최대 과제였을 것입니다.

아직 먹을 것에 대한 지식이 없었던 시대, 날마다 먹을 것을 구하고 찾아야 했던 선사시대 인류에게 자연 속에서 먹을 수 있는 것을 찾는 것은 생존의 문제였습니다. 여러 가지 다른 것들 속에서 먹을 수 있는 것들 찾기. 즉 그것은 공통점 찾기였어요. 사과=먹을 수 있는 것. 물=먹을 수 있는 것. 흙=먹을 수 없는 것. 고기=먹을 수 있는 것. 식물=먹을 수 있는 것. 식물=먹을 수 없는 것. 풀은 먹을 수 있기도 하고, 독이 있어서 죽을 수도 있지요.

자연 속에서 먹을 수 있는 것은 과연 무엇일까? 독이 들어있는 풀을 먹으면 죽는다는 것을 알게 된 것은 누군가 독이 든 풀을 먹고 죽었기 때문입니다. '아, 저 풀을 먹으면 죽는구나.' 식물과 자연에 대한 지식은 이렇게 목숨을 대가로 얻어졌습니다. 자연 속에서 '먹을 수 있는 것들'이라는 공통점을 알기까지 여러 사람의 경험 속에서 많은 대가를 치러야만 했습니다. '먹을 수 있는 것'과 '먹을 수 없는 것'의 공통점과 닮은 점을 사유하는 등 호의 사유능력은 이렇게 생존을 통해서 터득하게 되었지요.

> 이 꽃의 이름은 장미다. 장미라는 낱말과 꽃은 전혀 닮지 않았다. 같은 점이 하나도 없다. 그러나 장미와 꽃은 같은 것이다. 장미라는 낱말과 꽃은 등호이다. 모든 낱말은 등호의 사유능력을 발휘한다.

인류 역사에서 신석기시대는 '지식의 폭발'이 일어난 때로 알려져 있습니다. 농경이 시작되고 정착 생활을 하면서부디 '지식'이 엄청나게 늘어났지요. 인류는 불을 사용할 수 있게 되자 떠돌이 삶을 청산하고 한곳에서 정착 생활을 했습니다. 정착 생활을 하면서 비슷하게 반복되는 계절을 발견하게 되지요. 계절의 발견으로 봄, 여름, 가을, 겨울이라는 계절의 이름이 탄생했어요. 농사를 짓게 되면서 식물과 자연에 대해 아는 것이 많아졌습니다. 새로 알아내는 것마다 이름을 붙였습니다. 아는 것이 많아지면 이름 곧 언어가 늘어납니다. 지식의 폭발은 곧 이름의 폭발입니다.

한 마리의 늑대를 보았습니다. 다음 날 또 다른 늑대를 보았어요. 생김새가 비슷했지요. 이 비슷한 짐승들에게 '늑대'라는 이름을 붙였어요. 나중에 이 동물을 볼 때 기억하고 가리킬 수 있도록 이름을 붙인 것이지요. 이름을 붙인다는 것, 명사의 탄생에는 등호의 사유가 작동합니다. 비슷한 것, 똑같은 것들에게 같은 이름을 붙였어요. 유일한 것, 하나밖에 없는 것에 붙이는 이름을 고유명사라고 합니다. 두 개 이상의 존재, 여러 마리의 동물들에게 공통적으로 붙이는 이름을 보통명사라고 합니다. 명사에는 등호의 사유, 등호의 정신이 들어 있습니다.

반복되는 것, 규칙적인 것은 바로 '법칙'이 되고 지식이 되었어요. 그리고 불규칙한 것, 우연한 것들 속에서 규칙적인 것을 찾고 그 규칙에 맞추어 농사를 짓고 생활을 하며 생각한 것이 바로 신석기 농사꾼들의 사유능력, 지식 능력이 되었습니다. 한곳에 머물면서 똑같은 현상, 똑같은 자연을 보고 느끼면서 자연과 사물들에 대해 경험을 늘려갔지요. 이러한 경험이 쌓여 바로 '지식'이 됩니다. 정착 생활은 지식의 양을 늘려주었어요. 자기가 살고 있는 지역의 식물들, 땅, 기후, 동물 등 자연의 전문가가 되었지요. 지식, 이름, 언어, 추상적 사유능력은 똑같이 반복되는 현상을 하나로 사고할 수 있는 등호의 사유능력 덕분이에요.

돼지=사람=곰=닭=코끼리=사슴. 이것은 무엇일까요? 무엇이 같단 말인가요? 서로 다른 생물들, 동물들끼리 무엇이 같단 말인가요? 같은 점을 찾을 수 있는 등호의 사유는 분류를 가능하게 합니다. 지식과 학문은 분류로부터 시작됩니다. 동물, 식물, 생물 등의 분류는 같은 점을 찾아서 모아놓은 것이지요. 같은 점을 찾지 못한다면, 등호의 사유를 하지 못한다면, 학문, 지식 활동은 불가능합니다.

뇌가 가지고 있는 결정적 능력, 기억이 곧 등호(=)이다

낯선 사람들이 가득한 거리에서 친구를 발견합니다. 반가운 친구를 알아보지요. 낯선 사람들 속에서 어떻게 친구를 알아볼 수 있을까요? 0.1초도 걸리지 않고 바로 친구를 알아보는 것은 어떤 능력일까요? 어제 본 엄마, 오늘 본 엄마를 어떻게 같은 엄마라고 알아볼 수 있을까요? 소중한 가족들을 어떻게 금방 알 수 있을까요? 아침에 잠에서 깨어나 가족들을 보고 당황하지 않는 이유는 무엇일까요? 어제 본 엄마와 오늘 본 엄마가 같기 때문입니다. 생김새도 같고 목소리도 같고 하는 행동도 같아야 하지요. 만약 같지 않다면 우리는 날마다 엄마, 아빠, 가족들과 마치 처음 만난 사람처럼 인사를 해야 합니다. 아침마다 엄마에게, "누구세요?" 하고 물어야 할 거예요. 어제 본 엄마와 오늘 본 엄마가 같다는 것을 어떻게 알 수 있을까요?

어제 본 엄마의 모습을 내 머릿속에 기억하고 있기 때문입니다. 머릿속의 기억은 등호(같음)의 역할을 합니다. 내 머릿속에 저장된 엄마의 모습이 같음을 보장하고 확인해주는 증명서이지요. 만약 기억이 없다면 우리는 엄마나 친구, 가족을 알아보지 못합니다. 기억에 없는 사람은 낯선 사람이며 처음 본 사람입니다. 누구인지 알아보지 못하지요. 기억

기억은 자신의 얼굴을 알아보게 한다. 기억하고 있는 얼굴과 지금 본 얼굴이 똑같다. 기억은 등호이다. 머릿속의 가지고 있는 기억의 숫자만큼 등호를 가지고 있다.

상실증에 걸린 사람은 머릿속에 등호의 역할을 하는 기억이 없으므로 매일, 매 순간 만나는 사람마다 인사를 합니다. 모두 처음 만난 사람이기 때문입니다. 기억이 없다면 같은 것을 알아차릴 수 없고, 생각할 수도 없습니다.

기억의 등호. 기억은 곧 등호입니다. 같은 것을 알아볼 수 있도록 하는 사유의 능력입니다. 우리는 머릿속에 얼마나 많은 등호를 가지고 있을까요? 기억의 등호는 여러 가지 능력을 발휘합니다. 낱말을 기억하고 있으므로 대화할 수 있습니다. 나와 같은 말을 사용하는 사람을 만나면 통역할 필요 없이 서로 대화를 하지요. 똑같은 음악과 노래를 반복해서 들으면서 즐거워하고요. 어제와 같은 길을 걸어서 학교에 갑니다. 똑같은 길을 걷고, 똑같은 사람을 만나고, 똑같은 음식을 먹고, 똑같은 장소에서 똑같은 행동을 해요.

만약 똑같은 것을 기억하지 못한다면 어떤 일이 벌어질까요? 길을 기억하지 못해 어디로 가야 할지 헷갈리게 될 테고 만나는 사람마다 낯선 사람들일 거예요. 적과 동지를 구분할 수 없겠지요. 백치가 되는 것입니다. 똑같음을 발견할 수 있는 능력은 위대합니다. 등호의 능력, 기억의 능력은 우리들의 삶을 보장하고 유지하는 결정적인 사유의 힘이에요. 인간은 기억의 달인, 등호의 달인들입니다.

등호의 사유는 번역, 통역을 가능하게 한다

기억이 곧 등호의 역할로서 '같다'라는 것을 사유할 수 있도록 하는 사유의 능력이기 때문에, 인간은 언어를 사용할 수 있습니다. 말을 하고 서로 그 말을 알아듣고 이해하는 것은 뇌 속에 기억하고 있는 낱말과 언어들이 같기 때문이지요. 한국인은 모두 한글을 사용합니다. 같은 언어를 기억 속에 저장하고 있습니다.

언어의 배후조종자는 등호의 사유를 할 수 있는 뇌의 능력입니다. 아마도 등호의 사유법을 전문적으로 터득해야 하는 직업 중 하나가 바로 번역자들일 것입니다. 영어를 한글로, 한글을 영어로 번역하는 사람들은 '바꾸는 사람들'입니다. '사과'라는 낱말을 'apple'로, 'cup'을 '컵'으로 바꿔야 하기 때문이지요. 마치 수학 문제를 풀듯이 번역은 다른 것을 같은 것으로 변화시키고 바꾸는 것입니다. 그래서 다른 낱말을 외국어를 바꾸는 것은 곧 등호의 능력을 발휘하는 것입니다.

등호의 사유는 다른 것을 같은 것으로 바꿀 수 있는 사유능력입니다. 아인슈타인이 발견한 방정식으로 인류는 질량이 있는 것들을 에너지로 변화시킬 수 있었습니다. 원유를 전기로 변화시키고 우라늄으로 원자력 에너지를 만들었습니다.

> 등호는 번역할 수 있는 힘이다. 이것을 저것으로 바꾸는 것이다. 옮기는 것이다. 등호는 변화시킬 수 있는 사유의 힘이다.

    등호의 또 다른 이름은 변화, 변환입니다. 인류는 나무와 흙, 석유와 석탄 등 자연물을 여러 가지 물건과 도구로 변화시켰어요. 자연을 변화시킬 수 있는 능력은 곧 이것을 저것으로 바꾸는 것입니다. 'A=B'라는 사유 능력을 가졌기 때문에 가능한 일이지요. 휴대전화는 전파를 음성이나 영상으로 변화시키는 기계입니다. 즉 휴대전화는 등호의 기계이지요. 수학의 문장, 수학의 식들은 정확하게 한 치의 오차도 없이 깔끔하게 바꾸는 것을 가능하게 하는 언어이며 명령입니다.

기계는 등호를 위해, 등호에 의해 만들어졌다.

    산업혁명 이후 많은 기계가 만들어졌습니다. 기계는 똑같은 동작을 반복하여 똑같은 결과를 만들어냅니다. 기계는 자신이 기억하고 있는 알고리즘에 따라 한 치의 오차도 없이 작동합니다. 기계에 입력, 저장된 알고리즘은 등호로 작성된 명령서입니다. 기계는 시지프스입니다. 인간은 자신들의 형벌, 시지프스의 형벌을 대신 받도록 기계를 발명했습니다. 그리스 신들은 시지프스에게 신들을 기만한 죄로 형벌을 내립니다. 큰 바위를 산꼭대기까지 굴려 올리는 형벌이었습니다. 바위를 산꼭대기에 올려놓자마자 반대편으로 굴러떨어지고, 시지프스는 다시 바위를 밀어 올려야 합니다. 이 형벌은 영원히 끝나지 않습니다.

기계의 운명은 반복과 복제라고 할 수 있어요. 기계는 수천수만 개의 똑같은 컵을 만들어냅니다. 똑같은 제품을 생산하지요. 기계에게 수천수만 번의 반복과 복제를 하도록 명령하는 것은 바로 수학 언어입니다. 기계 속에 입력된 수학 언어의 명령을 기계는 정확하게 한 치의 오차도 없이 수행합니다. 만약 기계가 명령을 어긴다면, 그 즉시 고장 난 기계로 취급되어 버려집니다. 복제와 반복을 할 수 있는 기계 문명을 만들어낼 수 있었던 것은 수학적 사고능력과 수학 언어 덕분입니다. 수학 언어는 100% 똑같은 것을 만들어내는 복제와 모방, 기계적 반복을 가능하게 하지요. 오직 수학 언어만이 원본과 구분되지 않을 만큼 똑같은 것을 생산할 수 있게 합니다.

기계들은 똑같은 제품을 만들어냅니다. 기계는 반복, 재생, 복제의 정신을 실천하는 시지프스들입니다. 기계들의 반복노동으로 대량생산이 이루어졌습니다. 똑같은 모양의 물건들이 한 치의 오차도 없이, 불량품 없이 찍혀 나옵니다. 인간의 생활을 편리하게 한 상품과 물질문명은 기계의 등호 노동 때문에 가능해졌습니다. 기계의 뇌에는 알고리즘이 입력되어 있습니다. 기계에 저장되어 기억된 알고리즘은 곧 등호로 가득합니다. 똑같은 것을 만들어라, 똑같은 동작을 하라, 고민하거나 망설이지 말고 똑같은 시간에 똑같이 움직여라. 등호는 기계에게 선택을 허락하지 않습니다. 등호는 늘 일관되게, 영원히 변함없이, 약속함을 지키도록 강제합니다.

수학의 등호는
무자비하다

수학이 가지고 있는 치명적인 매력은 바로 '다른 것들을 같은 것으로 만들기'입니다. 수학은 혁명적인, 아니 도저히 불가능한 것을 가능한 것으로 만드는 생각의 힘, 사고의 힘을 이루어냅니다.

$$사람 = 사과 = 돼지 = 컵 = 나무 = \cdots\cdots = 1$$

사람 1명, 사과 하나, 돼지 한 마리, 컵 하나, 나무 한 그루는 1이라는 점에서 '똑같다'라는 '어처구니없는' 황당한 생각을 하는 것이 바로 수학적 사고, 수학적 사유법입니다. 이런 생각이 가능한 곳, 이런 기막힌 사유가 지극히 정상적인 사유로 인정되는 세계가 바로 '수학'의 세계입니다.

얼마나 상상력이 풍부한 등식인가요? 사람, 사과, 책, 개, 돼지, 달, 컵, 나무가 모두 1이라는 것으로 같아져요. 이 엉뚱하고 이상한 발상, 즉 수학적 사고방식으로 모든 것이 평등해집니다. 1이라는 숫자 하나로 일치되고 똑같아집니다. 하나가 되는 겁니다. 분명 모두 다른 것들인데 같은 것으로 변화하고 같다고 주장합니다.

이 세상의 모든 것들은 각각 다르게 생겼습니다. 자신만의 개성을 가지고 있습니다. 차이와 다름 속에서 똑같은 것을 찾아내는 사고능력, 이것이 바로 수학의 사유법입니다. 수학은 이 세상의 모든 것, 각기 다른 것들을 '똑같게' 만드는 사고방법, 언어입니다. 이것이 호모사피엔스, 즉 생각하는 인간이 갖는 결정적인 사고능력입니다. 전두엽을 가진 인간만이 할 수 있는 사고법, 사고방식을 수학이라는 이름으로 이루어 낸 것입니다.

수학에서 1이라는 숫자, 낱말은 이 세상에 존재하는 모든 것들,

홀로 존재하는 것들, 개별자들을 나타내는 언어입니다. 이 세상에 존재하는 모든 것은 모두 홀로 존재한다는 점에서 1이지요. 과연 무엇이 같은 것일까요? 모든 차이와 개성, 독특함을 제거하고 단지 존재한다는 것, 홀로 있다는 것만의 공통점을 1로 표현합니다. 1이라는 수학의 낱말이 등장함으로써 홀로, 낱개로 존재하는 모든 것이 같아집니다. 등가관계가 성립됩니다.

조선 시대 사람들은 '모든 인간은 평등하다'라는 생각을 하지 못했습니다. 설령 생각을 했다 하더라도 표현할 수 없었습니다. 그들에게 양반과 상놈은 결코 같은 인간이 아니었습니다. 주인과 노비는 결코 같은 사람이 아니었지요. 왕과 신하가 평등하다고 주장하는 순간 역적이 되어 죽임을 당했습니다. 인류 역사는 수천 년 동안 계급사회였습니다. 신분과 계급이 태어날 때부터 정해져 있었습니다. 인간은 결코 평등하지 않았습니다. 사람의 모습은 같았지만, 결코 동등하지 못했지요.

양반=평민=노비=귀족=왕=평민=상인=천민=?

계급사회나 왕조사회에서 이런 생각은 불가능했습니다. 그런데 사고의 역전, 생각의 혁명이 일어납니다. 근대수학이 탄생하면서 존재하는 모든 것들은 모두 단독자라는 점에서 1로 표현되었어요. 근대수학의 세계는 모든 사람이 동등하고 평등하다는 생각을 명확하게 증명해 주지요.

민주주의는 1인 1표를 실천합니다. 부자도 1표, 가난한 사람도 1표를 행사해요. 신분, 지위, 학력, 출신 지역, 생김새, 재산, 성별 등 모든 차이와 다름을 뛰어넘어 각자 1표를 행사합니다. 이렇듯 수학적 사고가 민주주의의 평등한 투표를 가능하게 했습니다. 만약 수학적 사고가 없었다면, 민주주의 투표와 선거는 불가능했을 거예요. 이렇게 민주주의 선거를 가능하게 한 사고법, 사고방식을 가능하게 한 것이 바로 다른 것들, 차

등호는 평등이라는 생각을 만든다. 동등한 것, 공평한 것, 대등한 것을 사고하게 한다. 등호는 차별에 반대한다. 개별적이고 독립적인 것들 사이에 서로 일치하고 공통적인 것을 발견하게 한다.

이가 있는 것들 사이에서 '똑같은 것'을 발견하고 찾을 수 있도록 한 '수학적 사고방식'이에요. 수학에서 사용하는 '='의 힘이 '모든 사람은 평등하며 동등한 권리를 갖는다'라는 사회적 인식을 뒷받침하는 이성적 사고를 가능하게 한 것이지요.

시간에 담긴 등호, 영원을 추구하는 등호

다른 것들 속에서 같은 것을 찾아라. 어제와 오늘의 같은 점은 무엇일까요? 어제와 오늘의 등호를 찾아라. 어제와 오늘 변하지 않는 것은 무엇일까요? 어제와 오늘의 공통점은 무엇일까요? 이것이 곧 시간의 등호입니다. 시간이 지나도 달라지지 않고 똑같은 점은 무엇일까요? 시간의 등호는 시간이 흘러도 변하지 않는 것을 찾는 것입니다. 어제와 오늘, 작년과 올해, 변하지 않고 똑같은 것은 무엇일까요?

똑같은 것은 곧 변하지 않는 것입니다. 똑같은 것을 찾는 것은 변하지 않는 것을 찾는 것이지요. 왜 변하지 않는 것을 찾아야 할까요? 변하는 것은 변덕스럽습니다. 예측할 수가 없지요. 변하는 것은 믿을 수 없어요. 확실하지 않기 때문입니다. 자주 변하는 것은 불안하기도 하지요. 등호는 변하지 않는 것, 계속 똑같이 지속하는 것에 대해 알려줍니다. 불안과 두려움을 물리쳐 줍니다.

시간의 등호는 내일을 예측할 수 있는 사유 능력을 갖게 합니다. 내일도 태양은 떠오를 것입니다. 어제와 똑같이 계속되는 것, 규칙적인 똑같음을 찾아낸다면 내일을 미리 알 수 있겠지요. 아직 오지 않는 미래를 미리 알 수 있는 능력이 등호의 사유로부터 가능해집니다.

시간의 등호를 찾기 위해 과학자들과 지식인들은 과거를 연구합니다. 과거를 추적하고 탐색하며 관찰하지요. 과거에 일어났던 현상들과 사건들을 헤집고 다닙니다. 만약 누군가 똑같이 반복되는 것, 예외 없이 규칙적인 것을 알아낸다면 그것이 바로 법칙이 됩니다. 미래를 읽어내는 방정식이 되는 것이지요.

자연에서 가장 큰 변화는 '죽음'입니다. 죽음은 등호가 사라지는 곳입니다. 등호가 중단되는 곳이 '사라지는 것', '단절', '중단', '끊어지는 곳'입니다. 인간은 본능적으로 '계속 되는 것', '늘', '영원히', '연결'을 희망합니다. 등호는 '늘', '계속', '영원'을 향한 소망과 기도가 깃들어 있습니다.

나는 누구인가에 대답할 수 있는 것은 정체성의 등호이다

김민주=박가희=이재현=진영준=한상현=차오름. 이것은 무슨 의미일까요? 무엇이 같단 말일까요? 다른 사람들 속에서 같은 것 찾기. 이 등호의 사유는 무엇을 가능하게 할까요? 국가, 민족, 시민, 학생 등이 공동체를 이루어 함께 살아가는 것은 서로 같은 점이 있기 때문입니다. 민족은 같은 역사를 가진 사람들의 집단입니다. 역사는 곧 과거에 대한 기억입니다. 민족이나 사회 등 집단들은 공동의 역사, 공동의 기억을 가지고 있습니다. 같은 기억, 같은 신념과 믿음, 같은 종교, 같은 언어와 문화가 그 집단을 유지하게 합니다. 등호의 사유능력이 없다면 불가능한 일이지요.

나는 누구일까? 너는 누구인가? 이렇게 그 사람의 정체에 대해 답할 수 있는 것은 그 사람에게 반복되는 것, 쌓여있는 것들이 있기 때문입니다. 그 사람이 날마다 반복하는 것, 똑같이 하는 것, 그래서 습관이 되고 문화가 된 것이 곧 그 사람의 정체성이지요. 일회적인 것, 그 사람이 단 한 번만 행동한 것은 그 사람의 것으로 생각되지 않습니다. 두 번 이상 반복되는 그 사람의 습관, 문화, 익숙한 것, 지속하는 것이야말로 그 사람이 어떤 사람인가에 대해 말해 줍니다. 나는 누구인가, 나는 어떤 사람인가에 대한 답은 어쩌면 낡은 것, 굳어진 것, 변화되지 않는 것, 붙잡혀 있는 것의 모임일 수도 있습니다. 날마다 순간순간 새로운 것, 처음으로 경험한 것, 신선한 것들이 그 사람의 것으로 여겨지지 않는다는 것은 슬픈 일입니다. 또한, 정체성이 늘 그 사람의 과거로만 이야기된다는 것도 아쉬운 일이지요. 그 사람에게 늘 지속되고 변하지 않는 것만을 자신의 것으로 사고하도록 하는 등호의 사유능력은 왠지 아쉬움을 남깁니다. 마치 등호의 약점처럼 느껴집니다.

2 사칙연산의 언어
더하기, 빼기, 곱하기, 나누기가 만든 감정들

더하기(덧셈)는 서로 뜨겁게
만나서 하나가 되는 사유법이다

$$1+2=3$$

이 수학 문장은 두 개가 만나서 하나가 됩니다. 1과 2가 만나서 3이 되는 것이지요. 더하기는 하나로 만드는 사고기술입니다. 1과 2가 만나서 서로 뜨겁게 포옹하면 1과 2는 어디론가 사라지고 드디어 3이 됩니다. '합하다'라는 것은 두 개 이상을 하나로 만드는 생각의 기술입니다. 무엇이든 아무리 많은 것들을 만나고 아무리 많은 것들이 모여도 하나로 만드는 사고기술. 이 세상의 모든 것들을 하나로 만드는 비결. 이것이 덧셈, 더하기가 이루어내는 생각의 능력이며 사고의 마술이랍니다.

모든 만남은 더하기로 시작됩니다. 만나지 않고 무엇이 생길 수 있을까요? 세상은 더하기로부터 시작되었습니다. 더하기란 '관계하다'의 다른 표현입니다. 더하기는 '결합'이란 말이기도 하지요. 더하기는 결혼하는 것입니다. 홀로 떨어져 있는 것이 아니라 이것과 저것이 서로 만나서 또 다른 그 무엇을 만듭니다. 더하기는 단결이며 통일이고 일치하는 것입니다. 더하기는 서로 하나가 되는 운명을 만듭니다.

완전히 함께 하는 것은 어떻게 가능할까요? '1+2=3'에서 1과 2는 더 이상 자신을 고집하지 않습니다. 3에는 1과 2가 포함되어 있지만 3이라는 다른 모습으로 나타납니다. 서로 다른 것들이 만나서 스스로 개성을 놓아버리고 온전히 다른 것으로 변신합니다. 물방울들이 모여서 강이 되듯이, 흙과 바위들이 모여 산이 되듯이, 나무들이 모여서 숲이 되듯이, 더하기는 두 개 이상이 모여서 또 다른 것으로 변신합니다.

더하기와 가장 친한 낱말은 '끊임없이'와 '더 더 더'이다

자연수에서 더하기의 결과는 반드시 양이 늘어난다는 것입니다. 두 개가 모여서 하나가 되면 양이 늘어나요. 자연수의 더하기는 '커짐'입니다. 증가하는 것이지요. 더해지면 늘어나요. 커진다는 것은 어떤 욕망의 냄새를 풍깁니다. 이것이 더하기의 욕망이에요. 그래서 더하기는 늘 욕심꾸러기처럼 보입니다. 재산을 늘리려는 욕망, 성장하고픈 욕망, 커지고 많아지고 강해지고자 하는 욕망이 더하기의 마음속에 꿈틀거리고 있어요. 성장과 발전이라는 낱말에는 더하기, 늘리기의 욕망이 담겨있지요. 작아지는 것, 줄어드는 것을 성장과 발전이라고 말하지 않습니다. 더하기의 욕망에는 커지고 많아지고 팽창하는 것에 대한 열망이 담겨있습니다.

더하기는 무엇인가를 더 가지고 싶다는 욕심을 부추깁니다. 역사 속에서 더하기의 욕망은 수많은 사건을 만들었습니다. 더하기는 소유의 욕망입니다. 땅을 더 늘리기 위해, 재산을 더 늘리기 위해 전쟁을 하고 폭력을 사용하기도 합니다. 팽창하고 확대하고 커지고 더 많이 소유하고자

사람들이 모이고 있다. 더하기를 실천하고 있다. 집합하고 있다. 만나고 있다. 하나가 되고 있다. 몸으로 덧셈을 하고 있다.

하는 욕망. 더하기의 욕망은 인류에게 무서운 질병을 만들어내기도 했습니다. 성장과 발전, 계속 커지고 확대해야 한다는 더하기의 욕망은 본능적일까요, 아니면 이성적 사유의 결과일까요? 이 질문에 대해 인류는 아직도 결론을 내지 못합니다. 인간의 사유 속에 더하기의 욕망이 자리 잡고 있는 것은 분명한데, 이 더하기의 본능을 아직도 인간은 다스리지 못하고 있는 것이 분명합니다.

   덧셈과 친한 낱말은 '끊임없이'입니다. '자꾸자꾸', '더 더 더'예요. 쉬지 않고 끊임없이 확장을 추구하는 자본의 욕망은 개별인간의 의지를 뛰어넘지요. 축적하고 쌓고 늘리고 확장하려는 자본의 욕망을 개별인간은 제어하지 못합니다. 자본의 욕망을 제어하는 확실한 방법을 아직 인간은 발견하지 못했어요.

　　　덧셈과 곱셈은 0을 곱하거나 더하는 경우를 제외하면 반드시 증가한다는 점에서 비슷해요. 3과 5를 더하면 결과는 3이나 5보다 크며, 두 수의 곱 역시 그 결과는 두 수보다 크지요. 덧셈과 곱셈에는 심리적인 측면에서 매우 가까운 유사성이 있습니다. 그렇지 않은 경우도 있지만, 덧셈과 곱셈은 대개 밝은 결말을 끌어낸답니다.

덧셈, 더하기의 사유가 개념을 만들어냈다

　　　어떻게 다른 것들이 하나로 될 수 있을까요? 하나로 합쳐진다는 것은 똑같은 것이 된다는 것을 의미합니다. 서로 다른 것들 속에서 똑같은 것이 있을 때만 하나로 될 수 있지요. 합쳐질 수 있답니다.

　　　1+2=3
　　　사람+돼지 = ?

　　　1과 2의 똑같은 점은 무엇일까요? 똑같은 성질은 무엇일까요? 사람+돼지=? 사람과 돼지가 합쳐질 수 있을까요? 합쳐질 수 있다면 어떤 점에서 그럴까요? 그것은 오직 '사람+돼지=2'일 때만 가능합니다. 즉, 사람과 돼지를 오직 '양', '개수'로만 볼 때 더하기가 가능해요. 이처럼 더하기, 덧셈의 사유는 다른 것들 속에서 서로 같은 것을 찾아낼 때만 가능하지요.

　　　더하기, 덧셈한다는 것은 위대한 사유능력입니다. 서로 다른 것 속에서 같은 것을 찾아낼 수 있는 사유방법, 사유기술을 터득하고 있기 때문이지요. 어떻게 이런 사유가 가능할까요? 서로 다른 것인데 같은 점을 찾아낼 수 있다니. 이 덧셈의 사유가 곧 개념을 만들어냅니다.

모든 개념은 더하기 사유의 결과물입니다. 사과, 배, 포도, 토마토 등을 모아서 한꺼번에 '과일'이라고 이름을 붙이지요. 사과, 배, 포도, 토마토 등의 공통점을 찾아서 '과일'이라는 개념을 만들어내요. 돼지, 소, 개, 닭, 말 등의 공통점을 찾아서 '동물'이라는 이름을 붙입니다. 똑같은 것을 모아서 그것에 이름을 붙이는 것. 이것이 개념이에요. 개념의 사유는 곧 추상적 사유를 가능하게 했지요. 반복되는 것들 속에서 같은 것을 찾아내는 사고. 그리고 그것에 이름을 붙이는 사유능력의 밑바탕에는 똑같은 것을 합치는 더하기의 사유가 깔려있습니다.

부분을 모아서
전체를 사고하는 법

1+2+3=6

더하기는 부분을 모아서 전체를 구하는 사고방법입니다. 1, 2, 3은 부분이며 개별적이에요. 이 부분들을 모아서 6이라는 전체를 구하지요. 여러 부분을 한꺼번에 사고하는 방법입니다. 나무들이 모여서 숲이 되지요. 숲을 볼 수 있는 사고능력이 곧 더하기의 사유법입니다. 이것을 게슈탈트(Gestalt)적 사고법이라고 합니다.

우리들의 몸은 여러 부분으로 이루어져 있어요. 여러 부분이 모여서 하나의 몸이 되지요. 신체의 각 기관이 모이고 합쳐져 하나의 몸, 전체의 몸을 완성합니다. 이 세상에 존재하는 모든 것은 부분이 모여서 전체가 됩니다. 완성된 것, 이루어진 것, 형태를 갖춘 것들은 모두 어떤 요소들이 모여서, 부분들이 모여서 전체를 이룹니다. 즉, 부분이 모아진 '합'이 됩니다. 부분을 볼 것인가, 전체를 볼 것인가? 더하기의 사유는 무엇이 모

과일들이 모여서 사람의 모습이 된다. 부분이 모여서 하나의 형상을 이룬다. 조각들을 모으면 전체가 만들어진다. 더하기, 덧셈은 부분을 모아서 전체를 만드는 생각의 기술이다.

여서 전체를 이루는가를 사고하게 합니다.

여러 개의 낱말이 모여서 하나의 문장이 완성됩니다. 하나하나의 낱말들이 모여서 하나의 문장을 이루지요. 문장을 읽는다는 것은 여러 개의 낱말을 한꺼번에 더해서 읽는 능력을 발휘하는 것입니다. 한 사람 한 사람이 모여서 사회와 국가를 이룹니다. 흙들이 모여서 도자기가 되고. 점들이 모여서 선이 되고 선들이 모여서 공간을 이룹니다. 원소들이 모여서 분자가 되고 분자들이 모여서 그 무엇인가 정체를 갖는 것이 만들어집니다. 하루하루가 모여서 일 년이 되고 일 년이 쌓여서 인생이 됩니다. 낱개가 모여서 하나의 완성된 전체를 이루지요. 더하기는 늘 전체, 합, 모아진 하나, 뭉쳐지고 통일된 하나의 모습을 사고하고 만들어내는 생각의 기술이며 사유방법입니다.

빼기, 뺄셈의 사유법은
무엇을 가능하게 하는가?
빼기는 살아남는 것을 보여 준다

3-2=1, 5-3=2

덧셈과 뺄셈은 자연스럽게 연결됩니다. 뺄셈은 덧셈이 한 일을 되돌려 놓습니다. 모든 관계에서 빼기의 결과는 줄어드는 것입니다. 빼기의 사유법은 더하기의 사유를 깔끔하게 역전시킵니다. 빼기의 질문은 철학적입니다. 사라지는 것은 과연 무엇이며 어디로 갔을까요? 남은 것은 무엇일까요? 제외되는 것은 무엇일까요? 참가하지 못하는 것은 무엇일까요? 대결과 만남 속에서 살아남은 것은 무엇일까요? 삭제되는 것은 무엇일까요? 오직 빼기의 사유를 했을 때만 이 질문에 답할 수 있어요.

빼기는 흔적도 없이 깔끔하게 사라지게 해요. 그리고 오롯이 남는 것, 의연하게 마치 생존자처럼 살아남은 것을 보여줍니다. 빼기의 결과는 그래서 더욱더 소중해요. 무엇을 뺄 것인가? 무엇이 빠진 것인가? 신기하지 않나요? 빼기는 사라진 것을 보여주는 것이 아니라 사라지고 남은 것을 보여줍니다. 더욱 중요하기 때문에, 더욱 소중하기 때문에 살아남았을까요? 빼기는 더하기보다 치열하지요. 빼기의 욕망은 과연 무엇일까요?

빼기의 감정은 무엇인가?

빼기는 슬픔의 냄새를 풍깁니다. 사라지는 것이 있기 때문이지요. 제외되는 것이 있기 때문이에요. 줄어들고 감소하고 작아지고 축소되는 것이 있기 때문입니다. 하나의 문장은 여러 개의 낱말로 이루어져요. 그래서 문장을 쓴다거나 글을 쓰려면 더하기의 사고, 더하기 능력이 필요해요. 그런데 문장 속에는 사라져야 할 낱말이 있어요. 빼야 할 낱말이 있습니다. 완성된 문장, 명확한 문장을 쓰기 위해서는 제거되어야 할 낱말이 있어요. 빼야만 해요. 이처럼 빼기의 사유, 빼기는 여러 개의 관계 속에서 더욱 중요한 것, 가장 결정적인 것, 더욱 필요한 것을 찾아내기 위한 고통스러운 사고과정입니다.

뺄셈은 무언가를 없애는 것입니다. 버리는 것이에요. 비움. 세상의 모든 예술은 결국 어떤 것을 얼마나 빼느냐에 달려있습니다. 우리는 살을 빼기 위해 노력하지요. 이것은 날씬해지고자 하는 욕망이에요. 살이 찌는 것보다 살을 빼는 것이 더욱 힘이 듭니다. 빼기는 얼핏 자제력을 요구하는 것 같아요. 버려야만 하는 것, 감소시켜야 하는 것, 제거해야 하는 것을 찾아내는 어떤 각오와 결단이 있어야만 하는 것 같지요.

망각이 곧 빼기이다

어쩌면 빼기는 '배설'일 수도 있습니다. 몸에서 빠져나오는 것이 있지요. 몸에서 사라지는 것이 있습니다. 날마다 몸이 배설해요. 빼기를 하는 것이지요. 또한, 생각과 사유의 빼기도 있습니다. 기억에서 사라지는 것들, 망각하는 것입니다. 어쩌면 망각은 의식에서 빼기가 작동하는 것일

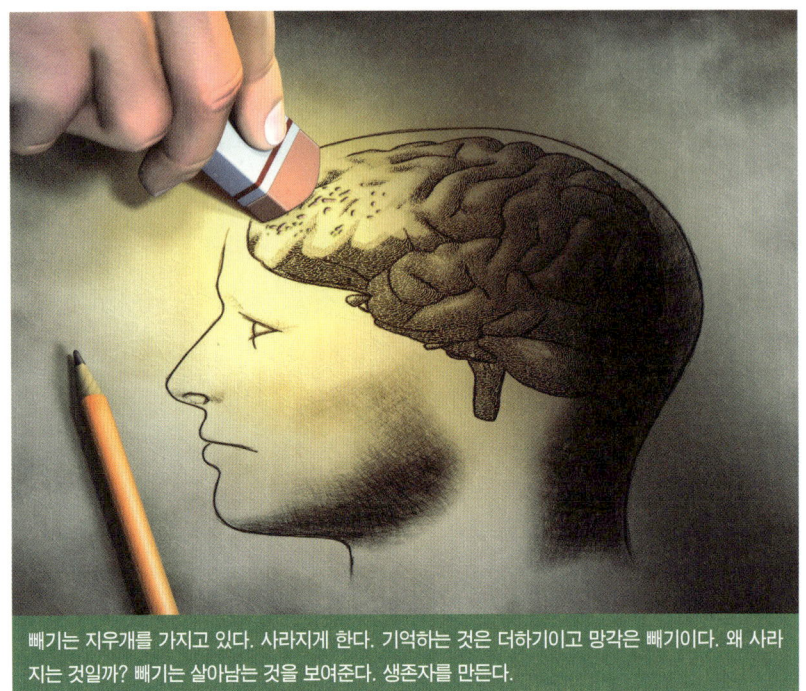

빼기는 지우개를 가지고 있다. 사라지게 한다. 기억하는 것은 더하기이고 망각은 빼기이다. 왜 사라지는 것일까? 빼기는 살아남는 것을 보여준다. 생존자를 만든다.

수도 있습니다. 모든 것을 기억하는 것은 재앙이며 질병입니다. 망각은 뇌 속에서 빼기를 하는 것입니다.

　　세포 중에서 사라지지 않고 계속 증식되는 세포가 바로 암세포입니다. 죽지 않는 세포, 빼기를 할 줄 모르는 세포이지요. 빼기는 사라지는 것, 줄어드는 것에 대해 사유하게 합니다. 더하기가 움직이지 못할 정도로 먹기만 하는 배부른 돼지를 떠오르게 한다면, 빼기는 자신의 신체를 유지하기 위해 적당히 배설할 줄 아는 현명한 돼지를 생각하게 합니다.

　　빼기는 죽음의 냄새를 풍깁니다. 사라지는 것이 있기 때문이지요. 빼기의 결과로 살아남은 것은 생존자이며, 사라지는 것은 죽음이에요. 빼기는 이별하는 것들이 있음을 느끼게 합니다. 헤어져야만 하는 것들에 대해 상상하게 해요. 탈락하는 것들, 지워지는 것들에 대해, 삭제되는 것들에 대해, 오히려 생각하게 합니다. 시인 윤동주는 "죽는 날까지 하늘을 우러러 한 점 부끄럼이 없기를 / 잎새에 이는 바람에도 나는 괴로워했다 / 별을 노래하는 마음으로 모든 죽어가는 것들을 사랑해야지"라고 노래했습니다. "모든 죽어가는 것들"에 대해 사고할 수 있는 것은 어쩌면 빼기의 사유 덕분일지도 모릅니다.

오직 하나만을
선택할 수 있는 빼기

인간은 오직 하나만을 선택할 수 있어요. 두 개의 길을 동시에 갈 수는 없습니다. 하나의 길을 선택하면 또 하나의 길은 버립니다. 선택 앞에서, 결정과 판단의 길에서 고민하고 갈등하는 것이 인간의 운명입니다. 선택할 때마다 느끼는 아쉬운 감정은 어쩌면 빼기의 슬픔일지도 모릅니다.

압축과 도약, 초고속으로 달리는 곱셈
자연수의 세계에서 곱셈의 별명은 '비약'이다

$5 \times 6 = 30$
$5+5+5+5+5=30$

곱셈은 반복된 덧셈입니다. 5×6은 5가 여섯 번 더해지는 것이에요. 또는 6이 다섯 번 더해지는 것이지요. 곱셈은 빨라요. 기하급수적으로 늘어나는 세계입니다. 더하기는 꾸준히 늘어나지만, 곱셈은 갑자기, 느닷

> 망원경과 현미경으로 볼 수 있는 세계는 오직 10의 제곱수로 표현할 수 있다. 너무 빠르고, 너무 작고, 너무 큰 세계를 곱하기, 곱셈의 언어가 담당한다.

없이, 한꺼번에, 엄청나게 늘어납니다. 거듭해서 늘어나지요. 그래서 거듭제곱입니다.

　　이것과 저것이 만나서 충격적으로 급격히 늘어나고 성장하고 커지는 관계. 곱셈은 양적인 비약을 상상할 수 있도록 해줍니다. 이 세상에 곱셈의 법칙으로 늘어나는 것은 무엇일까요? 하나씩 더해지는 것이 아니라 기하급수적으로 늘어나는 것은 무엇일까요?

　　만약 1원으로 시작해서 매일 2배가 되는 돈을 받는다면 30일 뒤에 받을 돈은 10억 원이 넘습니다. 하루에 받아야 할 돈이 첫날은 1원, 둘째 날은 2배인 2원, 3일째는 4원, 4일째는 8원이 되어 11일째에는 1,024원이 되고, 다음 10일 후인 21일째에는 1,024의 1,024배인 104만 8,576원이 되며, 다음 9일 후인 30일째는 5억 3,687만 912원이 됩니다. 이렇게 30일 동안 받을 돈을 모두 합하면 10억 7,374만 1,823원이 되지요. 이것이 기하급수(곱셈)의 위력입니다.

곱셈, 곱하기의 사유는 자연수의 질주이며 빅뱅의 사유를 열어줍니다. 감히 인간이 상상할 수 있는 세계의 크기, 우주의 크기를 무엇으로 사유할 수 있을까요? 인간이 손가락, 발가락으로는 도저히 셀 수 없는 거대한 세계, 매크로의 세계를 곱셈의 세계는 상상할 수 있게 합니다. 또한, 너무나 작아서 인간의 감각으로는 인식할 수 없는 마이크로의 세계를 10의 제곱수로 사고하게 합니다.

망원경과 현미경은 마이크로세계와 매크로의 세계를 몇 배로 압축하고 확장하는 마술을 부리는 곱셈의 도구입니다. 세계를 줄이고 늘리는 마법의 도구가 바로 망원경과 현미경이지요. 망원경 덕분에 인간의 세계는 그 크기를 잴 수 없을 만큼 확장되었습니다. 너무나 작고 미세해서 발견하지 못했던 바이러스들과 미생물들을 현미경으로 몇 배 확대해서 세상에 등장시켰어요. 어쩌면 곱셈의 사유 때문에 인간의 세계, 이 지구는 엄청난 속도로 질주하게 되었는지도 모르지요. 곱하기의 사유능력 때문에, 인간의 사유나 세계의 모든 것들이 미친 듯이 달리고 있는 것은 아닐까요?

양이 쌓이면 질이 변한다

물을 끓이면 열이 천천히 덧셈으로 쌓입니다. 그러다가 어느 순간 물이 기체로 변해요. 열이 덧셈으로 쌓이다가 순간 곱셈으로 변하는 것입니다. 양이 쌓이면 질이 변합니다. 물이 고체에서 액체로, 액체에서 기체로 변화하는 것은 열이 덧셈에서 곱셈으로 변화하는 순간입니다.

양의 급격한 팽창, 혁명과 비약, 폭발. 이 배후에는 곱하기, 곱셈의 사유법이 있습니다. 양이 점진적으로 쌓여서 어느 순간 갑자기 질이 변하는 그 지점과 순간에 전혀 새로운 사태가 탄생하지요. 더하기가 '꾸준히'라면 곱셈은 '갑자기'입니다. 마치 축지법처럼 거리를 압축시켜버리는 마법을 곱하기가 부리는 것입니다.

곱하기가
만들어내는 세계

가로와 세로를 곱하면 넓이가 나옵니다. 곱하기는 면적을 만들어 냅니다. 곱하기는 넓이, 부피, 무게 등 공간을 만듭니다. 점과 선에서 드디어 입체와 공간을 사고할 수 있게 하지요. 더하기와 빼기에서는 나타나지 않는 새로운 차원의 세계를 사고하게 합니다. 점과 선의 세계를 뛰어넘어 드디어 도형의 세계, 모양과 형태의 세계를 상상하고 사고할 수 있게 됩니다.

세 개의 선이 모이면 삼각형이 됩니다. 네 개의 선이 만나면 사각형이 되고요. 직선의 처음과 끝이 만나면 동그라미가 되지요. 곱하기는 기하학의 세계, 모양과 형태, 입체의 세계로 들어가는 문을 엽니다.

곱하기는 늘 새로운 국면을 기대하게 합니다. 물이 고체, 액체, 기체 등 새로운 모습으로 변신하듯이, '짠!' 하고 등장하는 것들의 배후에는 곱하기, 거듭제곱의 원리가 숨어있어요. 초고속카메라로 찍었을 때만 볼 수 있는 꽃피는 장면, 사계절의 변화 등 곱하기의 세계는 감각의 세계를 넘어서게 합니다. 인간의 감각으로는 느낄 수 없는 세계, 초감각적 세계로 들어가는 문에는 늘 곱셈과 거듭제곱의 열쇠가 필요하지요.

거듭제곱, 지수, 곱셈의 세계는 인간의 감각으로 그어진 경계선을 뛰어넘게 합니다. 마이크로의 세계, 미립자와 소립자의 세계, 거대한 매크로의 세계, 우주의 세계, 빛의 속도로만 도달할 수 있는 세계 등, 뚜벅뚜벅 걸어가는 더하기의 끈기만으로 도달할 수 없는 세계로 넘어갈 수 있는 능력이 바로 곱하기의 사유입니다.

나누기, 나눗셈의 사유는
정의로운 분배의 사유이다.
나누기를 잘해야 평화롭다

10÷5=2
8÷2=4

  나누기의 감정은 굉장히 사회적입니다. 나눔, 서로 골고루 사이좋게 살아가는 방법이지요. 그렇다고 나누기가 꼭 공평하게 이루어지는 것은 아닙니다. 그러나 나누기가 이루어진다면 최소한 아무것도 갖지 않는 사람은 없어요. 많든 적든, 모두 골고루 나누어 갖습니다.
  나누기가 오직 갖는 것만을 의미하지는 않습니다. 땅을 나누고, 물건을 나누고 음식을 나누는 것은 함께 공유하는 것을 의미하기도 해요. 나누기는 역사적으로 가장 중요한 사회적 능력이었을 것입니다. 만약 나누기를 제대로 하지 못했다면 많은 사람이 불평불만을 가졌을 테니까요. 나누기를 제대로 하지 못해 어떤 사람은 많이 갖고 어떤 사람은 적게 갖는다면, 분쟁과 대립, 싸움이 일어났을 것입니다. 그래서 나누기는 늘 분배라는 낱말과 함께 다닙니다.
  나누기는 쪼개고 분리하고 칼로 베는 것을 의미하기도 합니다. 이어져 있는 것을 끊어내는 것, 이것과 저것을 분리하고 경계를 짓는 것이에요. 나눌 수 있다는 것, 분리할 수 있다는 것, 구분할 수 있다는 것이 곧 나누기의 사유법입니다.
  나누기는 차이를 만들어냅니다. 이것과 저것, 그것을 나눌 수 있고 구분할 수 있기에 우리는 존재하는 것들을 발견하고 알아차릴 수 있어요. 나누기는 하나를 여러 개로 해체하는 것, 분리하는 것입니다. 하나 또는 전체를 쪼개서 여러 개로 분리하고 분해합니다. 그렇다면 무엇을 기준으로 쪼개고 나눌까요? 나누고 쪼갤 수 없는 것은 과연 무엇일까요? 나눌 수 있으려면 어떤 조건을 가져야 할까요? 이런 질문에 대답할 수 있는 것이 바로 나누기의 생각입니다.

시간을 나누는 능력

나눌 수 있으므로 세계는 분류될 수 있습니다. 비슷한 것끼리 묶을 수 있지요. 쪼개고 나눌 수 있기에 순서를 정할 수 있습니다. 더하기가 합치는 것이라면, 나누기는 쪼개고 경계 짓는 것입니다. 이것과 저것, 그것 등 이 세상에 존재하는 것을 하나하나 독립된 것으로 사고하고 인식하는 것에는 나누기의 사유능력이 발휘됩니다. 나누기는 곧 차이를 발견하고 만들어내는 능력입니다.

봄, 여름, 가을, 겨울로 계절을 나누는 것도 나누기의 사유법으로부터 나왔습니다. 1년은 12개월로 나눕니다. 또 1년을 365조각으로 똑같

시계는 시간을 나누는 기계이다. 시계는 나누기, 나눗셈의 달인이다. 흐르는 시간을 정확한 양으로 쪼갠다. 시계가 사용하는 언어는 수학의 낱말인 숫자이다.

이 나눕니다. 하루를 24시간으로 쪼개고요. 1분을 60초로 미세하게 자르지요. 시간을 나누고 쪼개서 보여주는 시계는 나누기를 실천하는 기계입니다. 달력은 1년을 365개의 조각으로 나누고 쪼개어 보여주는 하나의 시계입니다.

그렇다면 모든 것이 언제나 늘 평등하게 나누어질까요? 나누기는 '정의로움'의 사고와 감정을 불러옵니다. 정의로움을 주장하는 것은 곧 정의롭지 않은 것이 존재하기 때문이지요. 나누기의 사고는 다양함과 차이, 다름과 불평등함 등 생각의 대립과 갈등을 가져오기도 합니다.

가진 것이 있을 때, 남는 것이 있을 때 나눌 수 있다

하루하루 먹을 것이 부족할 때는 나눌 수 없습니다. 나누어 줄 것이 없기 때문이지요. 넉넉해야 나눌 수 있습니다. 남는 것을 잉여(剩餘)라고 합니다. 가진 것이 크고 많이 있어야만 나눌 수 있고 각자의 몫이 커집니다. 그래서 대부분 나누기는 덧셈과 곱셈의 다음에 이루어집니다. 없는 것을 나눌 수는 없지요. 그래서 0은 그 어떤 숫자로도 나누어질 수 없습니다.

내가 가진 것을 다른 사람도 가졌으면 좋겠습니다. 나의 기쁨을 함께 나누면 행복할 것입니다. 마음과 감정을 함께 나누어 가졌으면 하는 바람이 곧 공감의 세계를 만들어냅니다. 함께 느끼는 것, 함께 공유하고 소유하는 것이 나누기의 사유에 담겨있습니다.

나누기는 곧 베풂의 세계를 열어줍니다. 그래서 나누기는 '함께'라는 의식과 낱말을 불러오지요. 나누기는 혼자가 아니라 누군가와 함께 사는 세상을 상상하게 합니다. 나누기는 고독하지 않는 방법입니다. 외롭지 않고 쓸쓸하지 않은 길이 함께 나누는 것입니다. 나눔, 나누기에는 깨

나누기는 각자의 몫을 갖는다. 아무것도 갖지 않는 사람은 없다. 골고루 나누어 갖는다. 나누기는 늘 정의로움, 공평함이라는 생각을 만들어낸다.

달음의 냄새가 풍깁니다.

나의 몫을 생각하게 하는 나눗셈

나누면 나의 몫이 생깁니다. 각자의 몫이 생기는 것이지요. 만약 신이 있다면, 신이 가장 많이 하는 일은 나누어 주는 것이 아닐까요? 나에게, 우리 각자에게 나누어진 몫은 과연 무엇일까요? 내 편, 우리 편, 반대편으로 나누어질 때가 있습니다. 패가 갈라지는 것이지요. 집단으로 나누어집니다. 사람들은 무리를 지어 다양한 조직을 구성합니다. 역사적으로 보면 나라와 민족, 국가가 국경선으로 나누어져 있습니다. 또 건물을 짓는 것도 공간을 나누는 것입니다. 도로를 만드는 것, 벽을 세우는 것은 나누기의 사유를 실천하는 것이지요.

나눗셈의 결과는 무엇일까요? 나눗셈의 답은 결국 몫을 찾는 것입니다. 누구의 몫이 얼마나 될까? 나의 몫은 나의 책임, 나의 운명, 나의 재능과 능력일 수도 있어요. 내가 감당하고 내가 만들어가야 할 몫이지요. 또한 나에게 주어진 기쁨일 수 있으며, 나의 즐거움일 수도 있습니다. 이렇게 나의 몫은 다양합니다.

자연수의 사고력 4형제 :
더하기, 빼기, 곱하기, 나누기

수학 문제를 푸는 것은 바로 사칙연산, 즉 더하기, 빼기, 곱하기, 나누기하는 것입니다. 수를 계산하는 산수에서 방정식이나 함수를 푸는 문제까지, 사칙연산은 수학의 본능입니다. 사칙연산이 들어가지 않는 수학 문제는 없습니다. 수학 문제를 푼다는 것은 곧 사칙연산을 한다는 것입니다. 사칙연산은 어디서 이루어질까요? 바로 우리들의 머릿속, 즉 생각 속에서 이루어집니다. 생각하는 뇌, 사유하는 머릿속에는 사유의 재료, 생각의 재료들이 쌓여있어요. 경험과 체험, 감각을 통해 뇌 속에 수많은 사고의 재료들이 저장, 기억됩니다. 도대체 어떻게, 어떤 방법으로 사고와 생각이 이루어지는 것일까요?

감각을 통해 머릿속에 들어와 있는 생각의 재료들은 무게가 없습니다. 머릿속에는 산, 강, 바다, 바위 등 수많은 것들이 들어차 있습니다. 이것들은 너무나 가볍습니다. 생각 속의 산은 크기가 있으나 가볍게 옮길 수 있지요. 날아다니기도 해요. 공간도 차지하지 않고요. 산의 모습은 있지만, 무게나 크기도, 넓이와 길이도 느껴지지 않습니다. 머릿속에서는, 뇌 속에서는 생각의 재료들이 존재하면서 서로 만나고 연결하고 대립하고 관계합니다. 생각한다는 것, 사유한다는 것의 결정적이며 기본적인

4가지 사고방법, 사고력을 가동하는 4개의 도구가 활동합니다. 사유 속에서, 생각 속에서 사물과 사물들, 대상과 대상들을 사고하는 방법에는 기본적인 4가지 기술, 4가지 사유법이 사용됩니다. 이것이 사칙연산(四則演算), 더하기, 빼기, 곱하기, 나누기입니다.

　이것과 저것이 서로 만나는 것, 머릿속에 기억과 지식들이 처음 서로 만나는 것, 이것이 더하기(덧셈)예요. 머릿속에서 생각의 재료들이 서로 만나지 않으면 생각이 만들어질 수 없습니다. 더하기의 다른 이름은 바로 '만남'입니다. 머릿속에 있는 것들이 서로 만나서 관계하지요. 결합합니다. 모든 사유의 시작은 결국 더하기를 해야만 시작됩니다. 두 개 이상의 생각 재료들이 만나서 합해지는 것, 이것이 생각의 시작입니다.

　이것과 저것이 만나서 하나가 사라지거나 빠지는 것, 제외되는 것이 바로 빼기(뺄셈)입니다. 빼기는 먼저 만난 다음에 이루어져요. 만나지 않으면 빼기도 없습니다. 그래서 더하기가 '만남'이라면, 빼기는 늘

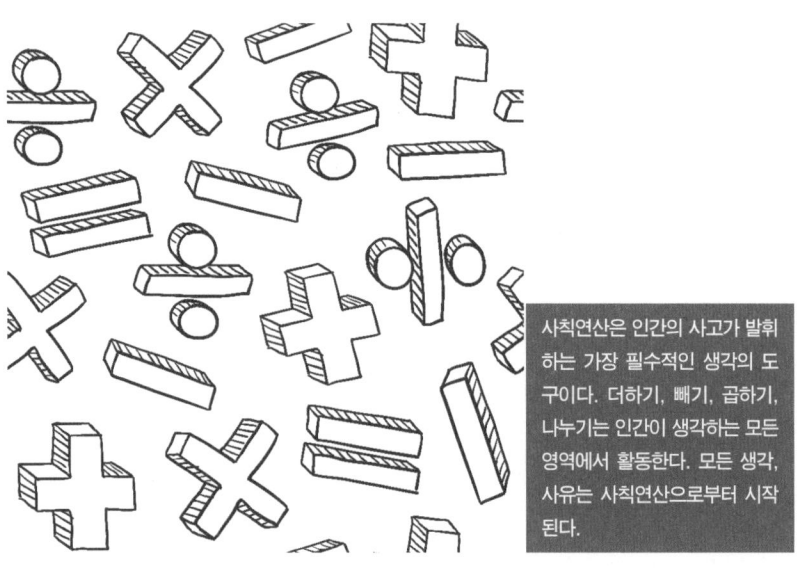

사칙연산은 인간의 사고가 발휘하는 가장 필수적인 생각의 도구이다. 더하기, 빼기, 곱하기, 나누기는 인간이 생각하는 모든 영역에서 활동한다. 모든 생각, 사유는 사칙연산으로부터 시작된다.

만남 다음에 이루어지는 '이별'입니다. 이것과 저것이 만나서 서로 공평하게 나누어 갖는 것, 이것이 바로 나누기(나눗셈)예요. 그리고 서로 만나서 기하급수적으로, 급격하게 성장하고 많아지는 것이 곧 곱하기(곱셈)입니다.

> **수학 문장에서
> 더하기, 빼기, 곱하기, 나누기는
> 동사의 역할을 합니다.**
> 생각하기, 사고행위하기, 계산하기 등
> 사칙연산은 '-하라'는 명령을 담고 있습니다.

　　사칙연산은 머릿속 기억과 지식, 정보들이 만나서 이루어내는 사고력의 기본적인 4가지 기술이며 도구입니다. 생각한다는 것, 사유한다는 것은 더하기, 빼기, 곱하기, 나누기한다는 의미입니다. 마치 기술자들이 늘 가지고 다니는 작업 도구 같은 것입니다. 사칙연산의 사고 도구는 생각할 때만 사용되는 것은 아니에요. 하루 생활 속에서, 삶 속에서 더하기, 곱하기, 빼기, 나누기는 늘 일어납니다.
　　우리는 새로운 것을 만나고 더하기를 경험합니다. 그 무엇인가와 이별하고 헤어지면서 빼기의 감정을 느끼지요. 몇백 명의 모임에 참가하여 개인을 뛰어넘는 집단의 힘을 발휘하며 곱하기의 흥분에 휩싸이기도 하고요. 그리고 또 나에게 주어진 몫을 계산하고 자신이 가지고 있는 것을 누구와 함께 나눌까 상상합니다. 더하기, 곱하기, 빼기, 나누기는 삶이라는 드라마 속에서 사건과 감정을 엮어가는 관계의 씨줄과 날줄입니다.

3 수학 언어의 욕망, 100% 생각의 일치를 꿈꾸는 언어
깔끔하고 투명하며 오해하지 않는 언어는 가능할까?

수학 언어는 너무나 깔끔하고 투명한 언어이다

1+2=3

세상에서 가장 놀라운 문장입니다. 왜냐하면, 세계의 모든 사람이 무슨 뜻인지 이해할 수 있는 문장이므로. 이 수학 문장은 문화나 언어가 다른 세계 여러 나라 사람들이 모두 무슨 뜻인지 이해할 수 있는 대표적인 수학식입니다. 매우 간단한 문장으로, 무슨 의미인지 서로 똑같이 이해하고 소통할 수 있습니다. 세계 모든 사람에게 통할 수 있는 문장, 세계 모든 사람이 서로 의사소통할 수 있는 언어라면 정말 대단한 언어가 아닐까요?

만약 수학이 언어라면, 수학 언어가 추구하는 것은 과연 무엇일까요? 수많은 언어의 종류 중에서 유독 수학 언어만이 가지고 있는 개성은 무엇일까요? 언어의 목적은 사람들의 생각과 마음을 전달하고 교환하

개미들은 페르몬이라는 화학 언어로 의사소통한다. 서로 오해하지 않고 100% 일치하는 언어는 똑같은 행동을 할 수 능력을 갖게 한다. 서로 오해하지 않는 것, 똑같이 이해하는 것이 수학 언어의 희망이다.

는 것입니다. 대표적인 언어인 말과 글은 사람들의 생각과 의식을 옮기고 소통하는 데 쓰이는 도구이지요. 그래서 언어의 종류를 나누는 기준으로 가장 중요한 것이 서로 얼마나 정확히 이해하고 소통할 수 있느냐입니다. 즉 언어를 보내는 사람과 그 언어를 받아서 듣고 읽는 사람이 서로 얼마만큼 일치하느냐가 언어의 중요한 기준이지요. 이것을 소통의 정도, 일치하는 정도로 싱크로율(synchronization)이라고 말할 수 있어요. 이렇게 언어를 소통률, 일치율, 싱크로율이라는 기준으로 본다면, 언어의 종류를 어떻게 나눌 수 있을까요?

어떤 사람이 말을 했는데 듣기는 했지만 아무도 그 의미와 뜻을 이해하지 못했을 때, 어떤 사람의 말이 그냥 떠드는 소리로만 들릴 때 그것은 언어가 되지 못합니다. 글자로 쓰여 있지만 무슨 뜻인지 이해할 수 없을 때, 그 언어는 소통하지 못하고 아무런 쓸모가 없게 됩니다.

말(음성), 글(문자), 그림 언어, 음악(노래) 언어, 춤 언어, 신체 언어, 문학 언어 등 언어의 종류와 형태마다 일치율이 다릅니다. 문학 언어로 표현되는 시(詩)는 읽는 사람마다 다르게 해석하고 다양하게 느낍니다. 소설 또한 읽는 사람마다 다양하게 해석하고 감상해요. 하나의 작품을 읽는 사람마다 저마다 주관적으로 받아들이고 이해하지요. 음악 언어도 다양하게 이해합니다. 노래를 듣는 사람마다 느낌과 감정이 다릅니다. 문학 언어, 예술 언어는 언어를 생산하는 작가나 예술가의 의도와 다르게 독자와 감상자가 자신의 마음대로 해석하고 받아들입니다. 문학 언어, 음악 언어, 예술 언어들은 주관적이고 개인적인 해석을 허용하는 언어입니다. 그래서 말하는 사람과 듣는 사람이 100% 일치하지 않습니다. 60% 일치하는 경우도 있고 30%만 일치하는 때도 있지요. 사람마다 그 언어를 조금씩 다르게 해석하기 때문입니다.

완벽한 100% 일치를 욕망하고 꿈꾸는 수학 언어

그런데 결코 오해해서도 안 되고 주관적인 해석을 해서도 안 되는 언어가 있습니다. 말하는 사람과 듣는 사람이 100% 일치하는 것을 꿈꾸는 언어. 사용하는 모든 사람이 똑같이 알아듣고 이해하고 해석하는 것을 욕망하는 언어. 이것이 바로 수학 언어입니다. 말하는 자와 듣는 자가 결코 오해하거나 다르게 해석할 수 없는 세계를 추구하는 것이 수학 언어입니다.

물건을 살 때 물건값은 숫자로 표현됩니다. 숫자는 물건을 사고팔 때 사용하는 숫자 언어입니다. 숫자 언어로 1, 2, 3, 4 등 아라비아 숫자를 사용합니다. 물건값을 계산할 때는 결코 오해하거나 주관적 해석을 해서는 안 됩니다. 숫자로 표현되는 물건값은 물건을 파는 사람과 사는 사람이 100% 일치하는 의사소통의 언어입니다. 1+1=2라는 계산은 언제나 누구에게나 똑같습니다. 모든 계산은 주관적 해석을 허용하지 않습니다. 계산기로 수백 번을 반복해도 답은 똑같이 나와야 합니다. 아

물건값을 계산한다. 정확해야 한다. 만약 물건값을 서로 다르게 말한다면 싸우게 될 것이다. 범죄자가 될 수도 있다. 정확해야 하는 곳, 일치해야 하는 곳에 수학 언어가 있다.

라비아 숫자로 표현되는 수학 언어는 세계 어느 곳에서나 똑같은 의미, 똑같은 뜻, 똑같은 것으로 통용됩니다. 수학 언어야말로 말하는 자와 듣는 자, 화자와 청자, 글쓴이와 독자 사이에 100% 일치를 목표로 하는 언어입니다.

$$1+2=3,$$
$$x+3=5,$$
$$5x=10$$

수학 문장은 번역이 필요하지 않습니다. 수학 언어는 너무나 명백하여 누구나 똑같이 이해하기 때문입니다. 1+2=3이라는 수학 문장은 그 누구도 오해하거나 개인적이고 주관적인 해석을 하지 못하도록 힘을 발휘합니다. 수학 문제는 곧 수학 언어로 쓰인 하나의 수학 글쓰기, 수학 문장이라고 말할 수 있습니다. 수학 언어에서 사용하는 낱말은 1, 2, 3, 4, 5, 6, 7, 8, 9, 0 등 숫자들과 +, -, ×, ÷ 사칙연산의 기호들, 그리고 $\sqrt{}$, Σ, $\int$ 등이에요. 수학은 숫자라는 고유의 낱말들로 문장을 만듭니다.

유일하게 '완벽'에 도달하는 수학 언어

원이란 무엇일까요? 원을 만들어내는 방정식은 $x^2+y^2=1$입니다. 이 방정식으로 만들어진 원은 완벽하게 동그랗습니다. 원은 완벽합니다. 원의 둘레에 있는 각 점들은 중심에서 정확하게 같은 거리에 위치합니다. 직선도 완벽하게 곧게 뻗어 나갑니다. 결코, 휘어지거나 꺾이지 않습니다. 수학 언어로서 직선은 그야말로 완벽하게 직진합니다.

사람이 그린 원은 완벽하지 않습니다. 아무리 완벽하게 원을 그렸다 하더라도 현미경으로 들여다보면 완벽한 원이 아닙니다. 인간은 완벽할 수 없습니다. 현실은 늘 부족하고 미흡합니다. 물질세계, 자연 세계에서 '완벽'이란 불가능합니다. 늘 무엇인가 부족하고 한계를 가지고 있습니다. 그 부족함과 한계를 다른 존재에게 도움을 받아야 합니다. 완벽한 존재는 도움을 받지 않습니다. 자연 세계에 존재하는 것들은 모두 관계를 맺고 살아갑니다. 관계를 맺어야만 자신의 부족함과 한계를 넘어설 수 있기 때문입니다.

수학 언어는 정신세계 속에서 '완벽'을 실현합니다. '완벽함'은 현실 세계에서 '정확함'으로 실현됩니다. 1+2=3은 한 치의 오차도 없이, 흔들림 없이 '정확함'을 증명합니다. 덧셈, 나눗셈, 뺄셈, 곱셈 등 사칙연산의 도구를 사용하여 수학 언어는 칼처럼 깔끔하게, 그 어떠한 여지도 남기지 않고 판결을 내립니다. 수학 언어는 사람들의 관계에서 '대충'이나 '어영부영', '어물쩍' 등 흐릿하거나 무책임한 태도를 추방합니다. 정확함의 기준이 됩니다.

수학 언어가 다루는 영역은 '양(量quantity)'입니다. 수학 언어는 '질(質quality)'을 다룰 줄 모릅니다. 체중은 잴 수 있지만, 마음과 감정을 잴 수 없습니다. 수학 언어가 지배하게 된 '정확함'의 세계에는 질이 빠져 있습니다. 질, 마음, 감정, 의미와 가치 등은 수학 언어로 측정하거나 잴 수 없기 때문입니다.

그럼에도 불구하고 수학 언어의 큰 장점 중의 하나는 문제에 대한 해결방안, 즉 정확한 답을 찾을 수 있다는 점입니다. 문제만 확실하다면 언제나 하나의 올바른 답을 만들어내는 것이 수학 언어가 가지고 있는 결정적 능력입니다. 수학 언어는 문제해결 능력이 뛰어납니다. 수학 언어가 가지고 있는 뛰어난 문제해결 능력으로 인류는 수많은 기계를 만들어냈습니다. 모든 기계는 수학 언어로 살아가며 동작하는 존재들입니다.

수학의 언어, 수학의 세계에서
부사(副詞)는 추방당했다

언어에는 낱말들의 역할과 성격에 따라 분류되는 품사(品詞)가 있습니다. 명사, 동사, 형용사, 부사, 감탄사, 조사 등과 같은 것이지요. 그렇다면 수학 언어에도 품사가 있을까요? 있다면 수학 언어에는 어떤 품사들이 주로 사용될까요? 1+2=3 등 수학 문장(수식)에 가장 많이 사용되는 품사가 있습니다. 그것은 명사입니다. 수학 교과서, 수학 문제에는 형용사가 별로 사용되지 않습니다. 특히 부사는 거의 없지요. '굉장히', '갑자기', '금방', '엄청나게', '깜짝' 같은 부사는 수학 문제나 수학 문장에 거의 등장하지 않습니다. '어머나', '우와', '맙소사', '젠장' 같은 감탄사도 거의 찾을 수 없습니다.

명사와 동사, 그리고 겨우 몇 개의 형용사로 수학은 자신의 문장을 만듭니다. 감정을 드러내지 않는 수학. 어쩌면 수학은 감정을 모르는 것은 아닐까요? 수학의 세계, 수학의 영토에는 감정을 드러내지 않거나 느낌이 없는 언어와 기호들만이 살고 있습니다. $+, \div, \times, -, \sqrt{\ }, \Sigma, \int$. 도대체 이것들이 뭐란 말인가요. 수학의 기호나 낱말들에서는 감정이 느껴지지 않습니다. 무감각, 감각으로부터 해방된 수학, 감정과 이별한 수학이지요. 수학은 과연 감정을 싫어하는 것일까요, 아니면 감정을 모르는 것일까요?

수학의 세계에는 왜 부사, 형용사, 감탄사가 살고 있지 않을까요? 수학은 왜 명사와 동사만을 사랑할까요? 부사는 어떤 죄를 지었기에 수학의 세계에서 추방당했을까요? 부사의 모습을 한번 살펴봅시다. 일찍, 빨리, 늦게, 열심히, 높게, 가까이, 금방, 대개, 자주, 가끔 등 부사들의 모습에서 느껴지는 게 있나요? 부사의 정체는 애매해요. 부사들은 모호하지요. '빨리'는 도대체 얼마나 빠른 것인가요? '자주'는 도대체 몇 번을 말하는 것인가요?

부사의 정체는 정확하지 않습니다. 부사는 자신의 정체를 명확히 드러내지 않아요. 아니, 부사는 만나는 사람마다 다른 모습을 보여줍니다. 사람마다 다르게 변신하는 부사. 부사는 변덕쟁이입니다. '금방'이라는 부사는 사용하는 사람마다 그 크기가 달라요. 1초가 금방인 사람, 10분이 금방인 사람, 하루가 금방인 사람이 있습니다. 부사는 정해져 있지 않고 규정되어 있지 않습니다. 부사는 자유롭습니다. 지극히 개인적이고 주관적인 크기를 나타내지요. 영혼이 자유로운 사람에게 부사는 반갑지만, 정확한 것을 좋아하는 사람에게 부사는 애매하고 무책임한 품사입니다. 부사는 손에 꽉 잡히지 않습니다. 세상을 정확하게 사로잡고 싶은 사람에게

수학의 낱말들. 수학의 낱말들은 감정이 느껴지지 않는다. 사람마다 다르게 해석하지 않아야 한다. 수학의 낱말들은 늘 모범생처럼 하나의 뜻만을 지킨다. 변덕 부리지도 않고 배신하지 않는다.

부사는 짜증 나고 불편한 존재일 테지요.

수학은 부사처럼 자유롭고 손에 잡히지 않는 것, 명백하지 않은 것을 좋아하지 않습니다. 사람마다 다르게 보이는 것들, 변신하는 것들, 정확하지 않은 것들을 수학은 싫어해요. 반면 변하지 않는 것, 누가 보아도 똑같은 것, 고정된 것들을 수학은 사랑합니다.

잴 수 없는 것들, 사람마다 기준이 다른 것들, 늘 변하는 것들은 수학의 세계에서 살아갈 수 없어요. 아니, 수학의 대상이 아니지요. 기쁨, 사랑, 슬픔, 행복, 영혼 등 주관적이며 사람마다 다르게 해석하고 느끼는 것들은 결코 수학의 세계에 들어갈 수도, 살 수도 없습니다. 왜냐하면, 그것들은 그 크기와 강도를 잴 수 없기 때문입니다. 계산할 수 없기 때문이지요. 숫자로 표현할 수 없기 때문입니다. 아니, 숫자로 표현한다고 해도 사람마다 다르게 느껴지기 때문입니다.

수학은, 수학 언어는 무엇을 가능하게 했는가?

수학, 수학 언어가 희망하고 간절히 원하는 것은 똑같음, 일치하는 것입니다. 변덕스럽지 않은 것, 사람마다 다르게 해석하고 오해하지 않는 것이 수학 언어가 꿈꾸는 것입니다. 이렇게 수학 언어로 무장하고 수학 언어로 태어나서 수학 언어로 평생을 움직이는 것이 바로 기계들입니다.

인간은 수학 언어로 기계를 만들었습니다. 기계들은 지치지 않고 쉬지도 않고 불평불만 없이 일하는 일꾼들입니다. 모든 기계는 수학적 사고와 수학 언어로 태어났습니다. 수학 언어가 없었다면, 수학적 사고를 하지 못했다면, 기계는 탄생할 수 없었습니다. 모든 기계는 수학적 언어로 써진 방정식을 하나씩 가지고 있습니다. 기계는 자신이 가지고 있는 방정식에 의해 평생 똑같은 노동을 반복합니다.

과학은 방정식으로 자신을 표현합니다. 뉴턴의 방정식, 아인슈타인의 방정식은 대표적인 과학의 언어입니다. 만유인력과 중력을 발견한 뉴턴은 자신이 발견한 힘의 원리를 수학으로 표현했어요. 과학 법칙을 등식(等式)으로 만들었지요. 뉴턴의 2 법칙, '힘은 질량에 가속도를 곱한 것이다'는 'F=ma'로 표현됩니다. 숫자, 등식, 미분과 적분, 대수와 기하학, 함수 등 수학의 언어를 사용했어요. 이때부터 수학은 본격적으로 과학의 언어가 되었습니다. 1+1=2라는 것은 아무도 의심할 수 없는 '참', '진리'가 되었습니다.

'수학적'이라는 말은 '정확하다'라는 말로 사용됩니다. '과학적이다'라는 말은 '사실'이며 '거짓이 아니고 옳은 것이다'라고까지 여겨집니다. 태양이 동쪽에서 떠서 서쪽으로 진다고 보는 인간의 눈을 과학은 신뢰하지 않습니다. 태양은 동쪽에서 떠서 서쪽으로 지지 않습니다. 지구는 결코 가만히 있지도 않고 고요하지도 않습니다. 과학의 눈으로 보면 지구는 엄청난 속도로 자전하고 공전하며 움직이고 있습니다. 태양이 동쪽에서 떠서 서쪽으로 지는 것으로 보는 인간의 눈을 과학은 신뢰할 수 없습니다. 과학의 눈으로 보면 인간의 감각은 지극히 불완전하고 믿을 수 없는 것입니다.

과학은 인간이 감각으로 느끼는 세계를 뛰어넘어, 감각 너머의 세계를 추적합니다. 우리가 느끼는 현상, 풍경, 사건의 배후에는 무엇이 있을까요? 우리가 느끼는 다양한 현상, 다르게 보이는 사건의 배후에 어떤 원리와 규칙, 법칙이 숨어있을까요? 과학은 늘 이런 의문을 갖습니다. 그러므로 과학은 우리들의 감각을 의심합니다.

우리가 감각으로 느끼는 세계는 사람마다 달라요. 뜨겁고 차가운 것에 대한 사람들의 반응도 각각 다르지요. 그리고 감각에는 사람들의 감정이 따라다닙니다. 감정은 변화무쌍하고 측정 불가능합니다. 감각과 감정은 변덕스럽습니다. 과학적 사고란 양적인 측정이 가능하고 수학의 언어로 표현될 수 있는 것을 의미합니다. 여기서 '양(量)'이란 무게, 넓이, 길이, 횟수, 거리, 속도와 속력, 방향, 높이, 변화량 등을 말합니다. 이것들은 수학과 과학에서 척도와 단위로 사용되는 기준들입니다.

수학과 마찬가지로 과학에서도 측정할 수 없는 것들은 제거되거나 제외됩니다. 과학은 변화무쌍한 세계에서 변화를 주도하고 변화를 일으키는 법칙성, 반복하거나 재현하는 규칙성, 원리를 찾아내어 그것을 측정하고 명확한 수학 언어로 설명합니다. 그러므로 과학의 나라, 과학적 사유에서는 특이성, 불규칙성, 예외성, 일회성은 제거되거나 추방당하고 가치 없는 것으로 취급됩니다.

과학적 사고의 믿음은 '법칙을 알면 재현하거나 복제할 수 있다'라는 것입니다. 과학이 찾아낸 법칙들은 인간에게 세계를 복제할 수 있고, 다시 만들 수 있으며, 마치 신처럼 새로운 것을 창조할 수 있다는 믿음을 갖게 했습니다. 그리고 과학의 언어는 곧 수학의 언어가 되었습니다. 아

바벨탑의 신화. 하늘에 닿기 위해, 가장 높은 곳에 오르기 위해 인류가 쌓았던 바벨탑. 이때는 언어가 똑같았다. 신이 분노하여 인간들의 언어를 분열시켰다. 혹시 바벨탑을 쌓던 인류의 언어가 수학 언어는 아니었을까?

니, 수학의 언어가 곧 과학의 언어가 된 것입니다. 그러므로 수학과 과학은 쌍둥이라고 할 수 있습니다. 과학과 수학은 동맹을 맺었습니다. 오늘날 모든 과학의 발전은 바로 수학적 사유법, 수학 언어 덕분입니다.

수학의 욕망, 수학적 사유법이 꿈꾸는 것은 이 세계를 인간이 다룰 수 있는 세계, 인간이 잴 수 있는 세계로 만드는 것입니다. 무한한 세계를 유한한 세계로 만드는 것입니다. 수학은 아무것도 없는 허공을 좌표화해서 잴 수 있는 공간으로 변화시킵니다. 시간과 공간을 잴 수 있는 것으로, 공기를 잴 수 있는 것으로, 저 격렬하게 파도치는 바다를 잴 수 있는 것으로 변화시킵니다. 수학 언어는 이 세계의 대상들을 숫자로 사로잡습니다.

인간은 아무것도 없는 허공을 잴 수 있게 되면서 거대한 건축물을 지었습니다. 또한, 무한히 펼쳐져 있는 하늘을 좌표화해서 계산하고 잴 수 있게 되어 우주를 비행할 수 있게 되었습니다. 하늘에 떠 있는 별의 위치를 수학 언어로 지정할 수 있게 되었습니다.

언어의 역사에는 늘 '바벨탑의 신화'가 등장합니다. 바벨탑의 신화는 《구약성경》 〈창세기〉 11장에 나오는 이야기이지요. "온 땅에 언어가 하나요 말이 하나였더라. 여호와께서 이르시되 이 무리가 한 족속이요 언어도 하나이므로 이같이 시작하였으니 이후로는 그 하고자 하는 일을 막을 수 없으리로다. 자, 우리가 내려가서 거기서 그들의 언어를 혼잡하게 하여 그들이 서로 알아듣지 못하게 하자 하시고, 여호와께서 거기서 그들을 온 지면에 흩으셨으므로 그들이 그 도시를 건설하기를 그쳤더라."

바벨탑을 쌓을 당시 사람들의 언어는 하나였습니다. 언어가 하나였기 때문에 바벨탑을 쌓을 수 있었어요. 그런데 신이 언어를 분열시키고 서로 의사소통을 하지 못하도록 만들었어요. 그래서 그 이후로는 민족마다 다른 언어를 가지고 살게 되었지요. 수많은 언어가 만들어지고 사라졌답니다. 지금 지구상에는 약 6천 개 정도의 언어가 있다고 합니다. 이렇게 언어가 다양한데도 인류는 다시 모두가 하나로 일치되는 언어, 100% 의사소통이 되는 언어를 만들고 있습니다. 그 언어가 바로 수학 언어입니다. 이 수학 언어로 기계를 만들고 온갖 물건과 도구들을 만들어 지금의 문명을 이룩했지요. 지금 세계에서 가장 큰 힘을 발휘하는 언어는 수학 언어입니다. 어쩌면 수학 언어가 모두가 통했다는, 바로 그 바벨의 언어를 꿈꾸는 것은 아닐까요?

4 자연수가 만들어낸 세계, 자연수가 창조한 사고력

수학 언어의 최초 낱말, 수는 왜 발명되었을까?

1, 2, 3, 4, 5, 6, 7, 8, 9

세계는 흩어져 있다

수(數)의 임무는 '세는 것'입니다. '셈'이 곧 수의 역할이자 운명이지요. '세는 것', '셈'이라는 것은 '헤아리는 것'이에요. 이것, 저것, 하나, 둘, 셋 등 헤아리는 것이 바로 세는 것입니다. 그렇다면 우리는 왜 헤아리고 세는 것일까요? 그것은 바로 세계가, 존재하는 것들이 흩어져 있기 때문입니다. 이것 저것들이 모여있지 않고 여기저기 흩어져 있습니다. 조각나서 분산되고 한꺼번에 있지 않습니다. 그러므로 셈한다는 것, 헤아린다는 것은 흩어져 있는 것을 모으는 것입니다.

그렇습니다. 숫자는 흩어져 있는 것을 모으기 위해 태어났습니다.

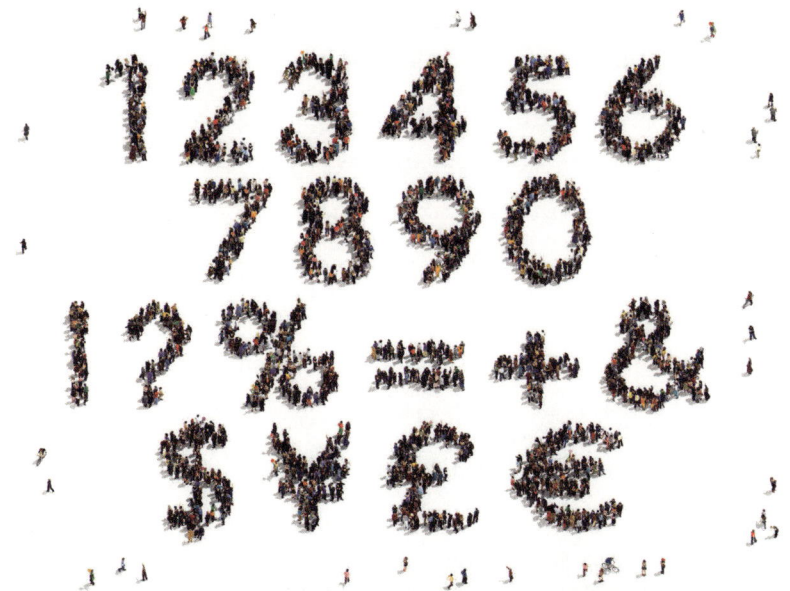

> 세는 것은 곧 헤아리는 것이다. 흩어져 있는 것을 모은다. 하나, 둘, 셋으로 세는 것은 조각난 세계, 이리저리 움직이는 세계를 생각의 힘으로 모은다. 수학 언어, 숫자에 담는다.

1은 하나가, 2는 두 개가, 3은 세 개가 모여있는 것입니다. 4는 네 개가 모여있는 것을 보여줍니다. 5는 다섯 개가 모여있는 것을 표현하는 수학의 낱말입니다. 이렇듯 수는 흩어져 있는 것들이 한꺼번에 모여있는 것을 표현한 낱말입니다.

과수원에서 농부가 사과를 손으로 따서 하나씩 바구니에 담습니다. 다섯 개의 사과가 바구니에 담겼습니다. 농부는 손으로 하나씩 집어서 사과를 담지만, 수학자는 5라는 숫자에 다섯 개의 사과를 담습니다. 5라는 숫자는 사과만이 아니라 다섯 개로 셀 수 있는 모든 것을 담을 수는 있는 마법의 바구니입니다. 손을 쓰지 않고 머리나 생각으로 모든 다섯 개를 담을 수 있는 바구니가 바로 5라는 숫자의 바구니입니다.

수는 하나의 그릇입니다. 물론 모든 언어가 그릇의 성격을 가지고 있지만, 수라는 그릇은 나타내는 크기와 양이 모든 사람에게 정확히 일치하고 똑같이 담겨있는 그릇이라는 점에서 특별하지요. 몸을 쓰지 않고 눈으로 보기만 해도 금방 담을 수 있는 그릇이 바로 숫자입니다. 더욱 신기한 것은 눈으로 보지 않고도 모든 것을 담을 수 있는 그릇이 바로 숫자라는 사실입니다. 아무리 무거운 것도, 아무리 작은 것들도, 아무리 큰 것들도, 나누어져 있기만 하면 담을 수 있는 그릇이 바로 숫자입니다.

숫자의 탄생으로 인간은 이제 가만히 앉아서 이 세계에 존재하는 모든 것들, 쪼개져 있는 것들, 나누어져 있는 것들을 모으고 담고 옮기고 계산하는 것이 가능해졌습니다. 여기 양 100마리가 있어요. 양 100마리를 어디론가 옮기려면 힘이 많이 들지요. 양들을 설득해서 흩어지지 않고 이동시키려면 고생이 이만저만 아닐 거예요. 그러나 숫자로 표현된 양 100마리를 옮기는 것은 너무나 쉽습니다. 숫자로 사물을 담아내고 모으는 것은 그야말로 인간의 사유가 혁명적인 힘을 갖게 되었음을 의미합니다. 생각만으로 불가능한 것이 없게 되었으니까요.

인류가 숫자를 발명한 것은 획기적인 사건이었습니다. 생각의 혁명이 일어났습니다. 자연에 있는 것들은 여기저기 흩어져 있습니다. 그것들은 무거워서 쉽게 옮길 수 없어요. 하나씩 하나씩 옮기려면 힘이 들지요. 동물들은 이리저리 움직여서 함께 모으기도 어렵습니다. 숫자는 자연에 흩어져 있는 것들을 가만히 놓아 둔 채 머릿속에서 모으고 이동시키고 몇 개씩 따로 모아놓기도 해요. 생각하는 힘으로, 사유의 힘으로 자연을 움직이는 것이에요. 이것이 바로 숫자의 힘이랍니다.

숫자는 양들을 머릿속으로 옮겨 오는 것이에요. 양 100마리는 숫자로 변해서 머릿속으로 이동합니다. 숫자에 담긴 양들은 움직이지도 않고 도망가지도 않아요. 무게도 없지요. 머릿속의 양들은 그야말로 인간의

저 움직이는 양들을 어떻게 셀 수 있을까. 생각만으로 양들을 옮길 수 있는 방법은 무엇일까. 양들은 숫자로 변신한다. 사람의 머릿속에서 양들은 숫자들로 존재한다. 이제 양들은 도망가지 못한다. 아무리 이리저리 움직여도 머릿속에서 하나로 모아진다.

마음대로, 의지대로 할 수 있습니다. 숫자는 보자기입니다. 투명 보자기. 양 100마리를 담아 놓은 투명 보자기입니다. 무엇을 담았는지 알 수 있는 마법의 보자기이지요. 숫자에 담긴 순간 양들은 자신의 의지를 잃어버리고 인간의 의지대로 움직입니다. 양들은 숨을 쉬지도 않고 소리도 내지 않고 냄새도 풍기지 않아요. 그야말로 순한 양이 됩니다.

      숫자의 탄생, 숫자의 발명은 인간이 드디어 '생각하는 인간'임을 증명하는 위대한 탄생이었습니다. 생각이 발휘할 수 있는 능력, 생각으로 무엇을 할 수 있는가를 여지없이 보여주는 대사건이었지요. 생각만으로 세계를 움직이고 조작할 수 있다는 것, 숫자만으로 자연에 존재하는 것들을 마치 끌어당기듯이 머릿속으로 옮겨올 수 있다는 것, 자연에 흩어져 있는 것들을 두 개로, 다섯 개로, 백 개로 모아서 인간의 뜻대로 움직일 수 있는 마법의 능력을 터득한 것입니다. 이것이 숫자가 가지고 있는 힘이며, 우리가 숫자를 가지고 매 순간 발휘하는 능력입니다.

왜 자연수(自然數)라는 이름을 가졌을까?

1, 2, 3, 4, 5, 6, 7, 8, 9, 이런 수를 자연수(自然數)라고 합니다. 자연(自然)이라는 말은 인간이 만들지 않았다는 뜻이지요. 또한 '자연스럽게'라는 말은 인위적으로, 억지로 하지 않는다는 의미도 있습니다. 아라비아 숫자는 어떻게 자연수가 되었을까요? 왜 자연수라는 이름을 가지게 되었을까요? 그것은 아마도 인간이 만들지 않은 세계, 즉 자연에서 발견되는 수라는 의미일 것입니다. 자연은 인간의 감각으로 알아차릴 수 있는 것들입니다. 눈에 보이는 것들, 손으로 만질 수 있는 것들이 바로 자연이지요. 저것들, 인간의 몸 밖에 있는 것들, 인간이 만들지 않고 원래부터 있었던 것들이 바로 자연입니다. 그리고 그것들을 손가락, 발가락 숫자만큼 셀 수 있었던 것이지요. 손가락 하나, 나무 하나, 손가락 두 개와 돌멩이 두 개가 서로 일치합니다. 이렇게 손가락, 발가락으로 대응하여 셀 수 있다는 의미에서 자연수가 된 것이겠지요.

손가락, 발가락으로 셀 수 있는 수. 자연에 있는 돌멩이 하나와 1은 서로 일치합니다. 손가락 하나와 나무 한 그루가 숫자 1로서 서로 같은 것이 되지요. 사람 두 명과 2가 같은 것으로 생각됩니다. 자연수는 셈, 셀 수 있는 인간의 사유능력을 열어 준 최초의 수입니다. 이 숫자들은 자연 속에서 셀 수 있고 헤아릴 수 있는 숫자예요. 수학의 세계, 수학적 사유, 수학의 문을 열어 준 최초의 수가 바로 자연수이지요. 그리고 자연수 중에서 최초의 수는 바로 1이랍니다.

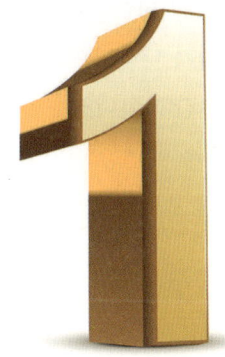

> 이 세상에 존재하는 것, 있는 것은 모두 1로 표현한다. 혼자 있는 것은 모두 1이다. 단독자, 혼자이기 때문에 고독하다. 그러나 1의 모습은 늘 당당하고 의연하다.

자연수가 담고 있는 사유법은 무엇일까?

《구약성경》의 〈창세기〉에 아담과 이브가 에덴동산에서 쫓겨난 이유가 기록되어 있어요. 신이 선악과(善惡果)를 먹지 말라고 명령했는데, 아담과 이브는 명령을 어기고 과일을 먹었습니다. 선악과를 먹고 나서 아담과 이브는 '어떤 능력'을 갖게 되었습니다. 신이 선악과를 먹지 말라고 명령한 것은 어쩌면 인간이 이 어떤 능력을 갖게 되는 것을 두려워했기 때문일 거라는 소문도 있습니다. 과연 어떤 능력이었을까요? 인간이 신의 명령을 어기고 선악과를 먹고 갖게 된 능력, 그것은 '선과 악을 구분하는 능력'이었습니다.

아담과 이브는 선악과를 먹고 나서 제일 먼저 자신의 벌거벗은 몸을 보고 부끄러움을 느꼈습니다. 선악과를 먹기 전에는 알몸으로 다니면서도 아무렇지 않았는데, 선악과를 먹고 나서는 부끄러움을 알게 된 것이지요. 부끄러움과 부끄럽지 않음을 구분하는 능력. 그것은 바로 사고하는 능력, 생각하는 능력이었습니다. 신이 인간에게 금지했던 능력은 바로 '생각하는 능력'이었습니다. 결국, 그들은 신의 명령을 어긴 죄로 에덴동산에서 쫓겨납니다. 에덴동산에서 추방당하는 대신 '생각하는 능력'을 얻었습니다. 어쩌면 선악과를 먹는 순간, 그 과일의 효과가 나타나는 순간이 바로 아담과 이브가 처음으로 생각을 하기 시작한 순간이 아니었을까요? 그리고 생각하는 능력을 갖게 된 그 순간 이미 그곳은 에덴동산(천국)이 아니었을 테지요. 선악과는 바로 생각하는 인간, 즉 호모사피엔스가 되는 과일이었던 것입니다.

선과 악을 구분한다는 것, 부끄러움과 부끄럽지 않음을 구분할 수 있다는 것은 곧 셈하는 것, 헤아릴 수 있는 것과 똑같은 사고능력입니다. 헤아림의 시작, 구분하고 셈하는 사고의 시작, 이것이 바로 이성적 사고의 시작입니다. 이성이란 구분하고 분류할 수 있는 사고능력을 말합니다. 차이를 발견하고 이것과 저것을 다르게 인식하는 능력이 바로 이성적 사고능력입니다. 차이와 다름을 발견하는 능력은 곧 헤아리는 것입니다. 헤아리는 것은 셈하는 것이며, 셈하기 위해서는 하나씩 하나씩 구분해야 합니다.

구분하는 것, 헤아리는 것, 나누는 것의 시작은 곧 1의 발견입니다. 인간의 눈에 보이는 것들을 하나씩 하나씩 구분하여 알아보는 것. 이것과 저것을 구별하고 차이를 눈치채며 하나씩 하나씩 분리해서 발견하는 것, 알아차리는 것을 인식이라고 합니다. 바로 존재의 발견입니다. 저기 나무 한 그루가 보입니다. 저기 양 한 마리가 눈에 들어와요. 여기 돌멩이 하나가 있어요. 이것들은 서로 떨어져서 하나씩 독립해서 존재해요. 그래서 모든 존재하는 것은 하나, 즉 1이라고 말할 수 있습니다.

그러므로 1을 사유하고 생각할 수 있는 것이 인간의 사유능력, 이성적 사고의 출발이라고 할 수 있어요. 그리고 1로부터 시작된 인간의 사유능력은 2, 3, 4, 5, 6, 7, 8, 9로 이어지는 자연수의 사유로 확장되고 넓혀집니다. 생각과 사고를 할 수 있는 재료로서 무수한 낱말들과 숫자들

차이를 발견하는 것, 구분하는 것, 다름을 알아차리는 것이 곧 사유의 시작이다. 자연수는 하나씩, 하나씩 차이를 발견하고 구분하는 사고능력을 보여준다.

이 머릿속에서 탄생한 것입니다.

자연수의 발견에서 '역사'라는 아이디어가 탄생했다

1, 2, 3, 4, 5, 6, 7, 8, 9의 숫자들이 순서를 지켜 서 있습니다. 차례대로 앞에서부터 하나씩 받아서 쌓아 커집니다. 1에서 시작해서 2, 3, 4, 5, 6, 7, 8, 9로 하나씩 쌓여서 연속되는 숫자들로 '순서'가 탄생합니다. 드디어 '순서'를 사유할 수 있게 되었습니다.

자연을 헤아리는 것, 셈하는 것에서 멈추지 않고 드디어 자연에서 발견한 것들을 순서 있게 차례대로 열을 세울 수 있게 되었습니다. '순서의 탄생'은 대단히 중요합니다. 왜냐하면, 순서는 바로 최초의 '질서'이기 때문이에요. 순서 짓는 것, 차례대로 열을 세우는 것은 질서를 잡는 것입니다. 인간의 의지대로, 뜻대로 자연에 대해 질서를 세우는 것입니다.

인간의 사고력, 즉 생각하는 능력은 구분하고 셈하는 능력, 헤아릴 수 있는 능력으로부터 시작되었습니다. 그 다음에 구분한 것들에 순서를 매기는 사고능력으로 이어집니다. 순서는 처음과 끝, 차례, 앞과 뒤를 사고할 수 있게 합니다. 순서를 사고하는 사람들이 모여 계급, 등급, 서열 등이 생겨났어요. 순서를 생각할 줄 모르는 사람들은 계급이 무엇인지 알 수 없습니다. 왕과 신하, 귀족과 천민 등 신분을 사고할 수 있으려면 순서를 생각할 수 있는 사고능력이 있어야만 합니다.

인간은 자연수에서 배운 순서를 통해 '처음과 끝'이라는 사고를 할 수 있게 되고, 처음과 끝은 곧바로 '시간의 발견'으로 이어집니다. 과거와 현재와 미래, 어제와 오늘과 내일이라는 시간의 발견. 이렇게 순서를 통해서 드디어 시간의 발견에 도달합니다. 자연수가 열어 준 사고능력, 사유법 중에서 가장 혁명적인 것은 시간에 대한 사유입니다. 하염없이 흐르는 시간을 쪼개고 나누어서 과거, 현재, 미래를 생각할 수 있게 되었으니까요. 손에 잡히지 않는 시간을 어제, 오늘, 내일로 나누는 것이 가능해졌지요. 하루의 시간을 쪼개어 계산하고 측정하는 것이 가능해진 것입니다. 시간은 한쪽으로만 흘러요. 인간은 시간을 과거로 되돌릴 수 없습니다. 자연수도 오직 한쪽으로만 커져요. 1, 2, 3, 4, 5 등의 자연수는 1 이전의 세계로는 돌아갈 수 없지요. 인간이 느끼는 시간의 흐름은 자연수의 흐름과 닮았습니다. 시간의 순서와 자연수의 순서는 정확히 일치해요. 자연수의 순서는 곧 시간의 순서입니다.

과거와 현재와 미래라는 시간의 순서를 사유할 수 있게 되자, 곧 '역사'라는 인간의 창의적인 아이디어가 만들어졌습니다. 자연수가 쌓이고 쌓여서 이 세상을 헤아리듯이, 시간이 쌓이고 쌓여서 역사가 됩니다. '역사'는 개인의 시간이 아니라 여러 사람의 시간이 합쳐진 것을 가리킵니다. 개인들의 시간이 모여서 집단의 시간이 탄생합니다. 자연수에서 발견되는 '순서의 사유'는 역사를 상상할 수 있는 사유의 길을 열어주었습

자연수는 순서를 깨닫게 한다. 앞과 뒤, 과거와 현재 그리고 미래, 시간의 순서를 발견한다. 봄 여름 가을 겨울. 순서의 발견은 역사의 발견으로 이어진다. 시간이 쌓여서 역사가 된다.

니다. 그리고 역사라는 아이디어가 만들어지자 곧바로 집단, 사회, 국가라는 아이디어로 나아갈 수 있었습니다.

    개인의 시간은 개인들의 경험과 기억들을 담고 있습니다. 역사는 개인을 뛰어넘어 민족, 집단, 국가 등 다수의 사람이 함께 기억하는 공동의 기억을 만들어냈습니다. 역사는 민족, 집단, 공동체가 함께 기억하는 시간입니다. 함께 경험하고 기억하는 사건들이지요. 이 공동의 기억, 함께 기억하는 역사가 집단, 사회, 공동체, 민족을 묶어 주는 역할을 합니다. 역사는 '우리에게는 함께 기억하는 과거가 있다'라는 의식을 만들어 주었습니다.

자연수로부터 배운 '순서의 사유'는 존재하는 모든 것에 순서가 있다는 사고를 가능하게 했습니다. 그래서 사람에게도 순서가 있다고 주장했지요. 혈통의 순서, 계급의 순서를 정당하다고 믿게 했어요. 신, 왕, 신하, 주인과 노예 등 인간의 순서와 서열, 줄 세우기가 당연한 것처럼 사고했지요. 왕은 자연수에서 1로 표현됩니다. 왕들은 자신을 1로 여겼어요. 신들은 자신을 오직 한 명뿐인 유일신(唯一神)으로 숭배하길 원했습니다. 모든 국가에서 왕은 오직 한 명뿐입니다. 신분과 계급이 존재하던 시대, 왕이 통치하던 시대는 자연수의 순서와 서열을 닮았습니다.

자연수가 만들어낸 패턴, 규칙, 질서들

인간이 자연수를 발명한 것은 생각, 사유의 승리라고 할 수 있습니다. 자연에 흩어져 존재하는 것들, 인간의 뜻대로 움직일 수 없는 것들을 숫자의 발명으로 인간의 사유 속에서 마음대로 움직일 수 있게 되었습니다.

자연수의 발견과 발명에서 인간은 '질서'라는 사건과 형태를 발견하게 됩니다. 1이라는 숫자가 존재의 '발견', '존재'를 생각할 수 있도록 해주었다면, 1 다음에 연속되는 2, 3, 4, 5, 6, 7, 8, 9에서는 순서를 발견하고 그 순서에서 어떤 패턴을 깨닫게 되었습니다. 그것은 규칙이고, 규칙은 곧 질서가 됩니다. 하나만 존재한다면 규칙과 질서, 패턴은 없을 것입니다. 두 개 이상 존재할 때, 규칙과 질서와 패턴이 생겨납니다.

1, 2, 3, 4, 5, 6, 7, 8, 9로 연속되는 자연수. 하나씩 늘어나고 쌓이는 규칙과 질서를 사유하는 능력은 사회와 집단 속으로 들어와 응용되고

활용됩니다. 자연수에서 배운 사유는 결코 자연수에 머물러 있지 않았습니다. 1부터 9까지 하나씩 증가면서 순서라는 패턴과 질서, 규칙을 만들어냅니다. 선사시대 인류 중 어떤 부족은 1부터 3까지만 셀 수 있었을 것입니다. 어떤 부족은 드디어 9까지 셀 수 있게 되었습니다. 3까지만 셀 수 있는 부족보다 9까지 셀 수 있는 부족은 어떤 사유에서 앞서갔을까요? 9번의 반복 속에서, 9까지 셀 수 있으면서 어떤 패턴과 규칙을 알아냈을까요? 낮과 밤이 계속해서 바뀌는 것을 체험하며 관찰하면서 2의 패턴을 사유합니다.

자연수는 연속되는 숫자의 규칙과 리듬에서 패턴과 질서를 발견하는 사유를 흥분시킵니다. 자연수는 수, 숫자가 줄을 서 있는 최초의 열병식입니다. 자연수의 가르침에 따라 자연의 패턴은 숫자로 표현됩니다. 1년은 대략 365일로 숫자화됩니다. 사람들은 2개의 다리를 가졌으며 거미는 8개의 다리를 가진 것으로 정의됩니다. 거의 모든 꽃의 꽃잎은 3,5,8,13,21,34,55,89…라는 수열로 이루어져 있다는 것을 발견합니다. 이 꽃잎들의 수열은 나중에 '피보나치 수열'로 불립니다. 자연수는 자연에서 발견되는 모든 수열, 패턴, 규칙, 질서의 시작입니다.

5 수학 언어가 사랑하는 것과 미워하는 것은 무엇일까?

수학 언어가 미워하는 것은 잴 수 없는 것이다

사람 1명, 사과 하나, 돼지 한 마리, 컵 하나, 나무 한 그루는 1이라는 점에서 '똑같다'라는 사고는 어떻게 가능할까요? 눈에 보이는 모습은 모두 다른데 어떻게 똑같다고 생각할 수 있을까요? 그리고 각각 다른 것들이 모두 똑같다는 생각에 모든 사람이 동의하는 것은 무엇 때문일까요? 전 세계 사람들이, 약 80억 명의 사람들이 모두 똑같은 생각을 하는 이 무시무시한 생각의 통일은 어떻게 가능한 것일까요?

사과 100g=돼지고기 100g=물 100g=흙 100g=철광석 100g

수학 언어에서 이것들은 모두 100g으로 표현됩니다. 사과, 돼지, 물, 흙, 철광석이 모두 다른 것인데 같은 것으로 취급되지요. 무엇이 같을까요? 바로 100g입니다. 그렇습니다. 수학적 사고, 수학적 사유의 비밀은

사과, 초콜릿, 콩, 마늘, 바나나가 모두 똑같은 것이 된다. 100g의 무게가 같기 때문이다. 차이와 개성은 사라지고 오직 무게만으로 같은 것이 된다. 수학 언어의 마법이다.

바로 척도의 비밀에 담겨있습니다.

　　이 세상에 존재하는 모든 것들의 공통점은 무엇일까요? 이 세상에 존재하는 모든 것들을 똑같이 만드는 것은 과연 무엇일까요? 척도와 수학 언어는 바로 이것에 대한 인간의 대답이며 사유법입니다. 이 세상에 존재하는 모든 것들의 공통점은 바로 길이, 넓이, 깊이, 운동, 형태, 크기를 가지고 있다는 것입니다. 길이, 넓이, 깊이, 운동, 형태, 크기는 숫자로, 수학 언어로 정확히 표현할 수 있습니다.

　　척도에는 어떤 원리가 숨겨져 있을까요? 미터법에서 무게를 재는 단위는 그램(g)입니다. 우리는 사물들의 무게를 잴 수 있지요. 사과 100g, 돼지고기 100g, 물 100g, 흙 100g, 철광석 100g. 여기서 그램이 하는 역할은 무엇일까요? 사과, 돼지고기, 물, 흙, 철광석은 모두 다른 것들인데, 유일하게 그램이 공통적입니다. 발견했나요? 척도는 각각 다른 것들, 차이가 있는 것들 사이에 공통점을 만들어냅니다. 무게 100g은 모두 같은 것입니다. 그램은 다른 것들을 같은 것으로 만듭니다. 바로 이것이 척도(단위)의 비밀입니다.

모든 것을 양으로 파악하는 수학 언어

　　수학 언어는 인간이 인식하는 모든 것을 양(量)으로 만듭니다. 양

(量)이란 크기, 넓이, 무게, 길이 등과 같이 잴 수 있는 것을 말합니다. 수학은 세상을 잴 수 있는 것, 계산할 수 있는 것으로 봅니다. 잴 수 없는 것은 수학의 대상이 될 수 없습니다. 수학의 세계에 들어올 수 있는 자격증, 그것은 바로 양(量)이에요. 잴 수 있어야 합니다.

수학은 모든 것(존재하는 것)을 양(잴 수 있는 것)으로 취급합니다. 이것이 수학 언어의 비밀입니다. 수학 언어는 양을 재는, 양을 나타내는 언어입니다. 인간의 언어에는 양에 대한 단어가 매우 많습니다. '크다, 작다, 많다, 적다, 길다, 짧다, 무겁다, 가볍다' 등이 모두 양을 나타내는 낱말입니다. 그러나 '크다'라는 낱말로는 양을 정확히 나타낼 수 없습니다. '작다'라는 양을 나타내는 낱말은 사람마다 그 기준이 달라요. 크기가 주관적인 낱말은 수학의 세계에서는 살아남을 수 없습니다. 양을 정확하게, 모두가 100% 일치할 수 있는 숫자만이 수학 세계에서 살 수 있습니다.

수학의 세계로 들어가면, 이 세상에 존재하는 모든 것들은 두 가지로 나누어집니다. 잴 수 있는 것들과 잴 수 없는 것들입니다. 수학이 발달할수록, 수학 언어가 더 많아질수록 잴 수 있는 것들은 점점 더 많아지고 잴 수 없는 것들이 점점 더 줄어들지요. 이것은 순전히 수학의 눈으로 보는 세계입니다. 잴 수 있는 것들은 수학 언어로 표현되고 계산될 수 있습니다. 잴 수 없는 것들은 수학 언어로, 수학의 식으로 표현될 수 없습니다. 그러므로 수학의 세계에서 잴 수 있는 것들은 '말할 수 있는 것'들이 되며, 잴 수 없는 것들은 '말할 수 없는 것'이 됩니다.

수학 언어의 문법은
바로 척도이다

시계는 시간을 재는 대표적인 척도 기계입니다. 시계는 흐르는 시간을 쪼개고 잽니다. 시간, 분, 초라는 단위로 시간을 양(量)으로 계산하

 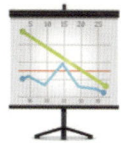 

> 재는 것들, 측정하고 측량하는 것들, 모두 수학 언어를 사용하여 실천하는 기계들이다. 이 도구들이 오늘날 인류문명을 유지하고 움직이게 한다.

는 기계가 바로 시계이지요. 1시간은 60분이며 1분은 60초입니다. 하루는 24시간이며 1년은 365일이고요. 이렇게 시간을 양으로 나타내는 것이 가능한 것은 바로 시간을 쪼개고 잴 수 있는 것으로 만드는 시간의 척도, 단위의 언어를 만들었기 때문입니다.

척도는 인간의 눈으로, 인간의 시선으로, 인간의 사유로 세계를 재는 것입니다. 그리고 이 척도는 수학 언어로 표현됩니다. 이 지구상에 그 어떤 생물도 미터법으로 길이를 재지 않습니다. 오직 인간만이, 인간의 눈으로 길이를 재고 계산합니다. 척도는 인간의 눈으로 세계를 요리하는 사유의 칼, 생각의 칼입니다. 사유의 칼로 세계를 요리한 결과, 사유의 음식물이 곧 수학의 식이며 수학 문장입니다.

인간이 발견한 모든 것들, 이 세상에 존재하는 모든 것들 사이에서 공통점을 발견하는 것, 공통점을 만드는 것이 바로 척도의 힘입니다.

척도의 핵심은 균질(均質)화하는 것입니다. 서로 다른 것을 똑같은 것으로 만드는 것입니다. 시간이 시계 속에 들어가면 모두 똑같은 시간으로 측정됩니다. 늦은 시간, 빠른 시간이 사라집니다. 사람마다 시간에 대한 느낌은 다르지요. 지루하면 시간이 느려지고, 몰입하면 시간이 빨리 흐릅니다. 그러나 시계 속에서 시간은 결코 빠르거나 느리지 않습니다. 모두 다 똑같은 시간이 됩니다. 이것이 시계가 수행하는 시간의 균질화입니다.

척도와 수학 언어에 담긴 인간의 욕망, 척도는 신성함이나 신비함을 제거한다

척도는 신성함이나 신비함을 제거합니다. 수학과 척도는 늘 변화무쌍한 것들, 헤아릴 수 없는 것들, 굳어지지 않는 것들을 싫어합니다. 영혼, 마음, 사랑, 우정, 우아함, 예의 바름, 존경, 아름다움 등은 아직 완전히 척도와 수학 언어에 사로잡히지 않았습니다. 숫자로, 양으로만 나타낼 수 없지요. 사람마다 다르게 여겨지는 것들, 즉 주관적인 세계에서 수학과 척도는 전혀 힘을 발휘하지 못합니다.

"인간은 생각하는 갈대"라는 말로 유명한 프랑스의 수학자이자 철학자 파스칼은 "무도덕적 허공이 나를 두렵게 한다."라고 말했어요. 무도덕적 허공이란 단지 부피와 넓이로만 사유 되는 공간입니다. 하늘엔 더 이상 신이 살고 있지 않습니다. 신비로운 세계는 사라졌고요. 모든 세계가 단지 무게와 부피로만 환산되는 척도와 수학의 눈. 신과 하느님이 존재했던 시대에서 이제 아무것도 없고 단지 공기만 존재하는 곳으로 변했습니다. 파스칼은 신이 사라지고 대신 무게로만 계산되는 무도덕적 허공이 두려웠던 것입니다.

척도와 수학 언어는 감정을 제거하고 느낌이 없는 중립적인 시선과 눈을 갖게 합니다. 도덕적이거나 윤리적인 사유를 제거합니다. 모든 사

가장 대표적인 단위, 척도는 미터법이다. 자와 저울로 세계를 재는 것은 세계를 수학 언어로 번역하는 것이다.

물, 모든 존재, 모든 살아 있는 것들에 대해서 무덤덤하게 단지 무게와 길이, 넓이, 부피로 바라보게 합니다. 이런 점에서 놀랍게도 척도는 가치를, 인간의 욕망과 욕구를 담고 있습니다. 아무런 감정도, 느낌도 갖지 않고 존재와 사물들을 다루는 사유법. 냉정하게, 이성적으로, 감정에 휘둘리지 않고 사유하는 방법. 인간이 발명한 놀라운 사유법의 하나입니다.

냉정하게 감정을 제거하고 자연을 다루기. 세계를 다루고 동물과 식물을 사용하면서 마음과 감정으로부터 자유롭기. 살아 있는 모든 것들까지 단지 하나, 둘, 셋 또는 1g, 2g 등 양으로만 사고하기. 척도와 수학 언어는 편리하게도 감정과 마음의 동요를 진정시키고, 사물과 세계에서 느낌을 제거하고 분리하는 사고를 가능하게 합니다.

과학자들은 우주의 시작을 "빅뱅(Big Bang)"이라고 하지요. 왜 '창조'라는 표현을 쓰지 않고 빅뱅이라고 할까요? '창조'라는 표현은 너무나 많은 상상력과 느낌을 일으키는 말이기 때문입니다. 세계를 인식하는 두 개의 길. 질적(質的)인 인식과 양적(量的)인 인식. 척도와 수학 언어는 바로 양적인 인식의 길을 선택했습니다.

척도와 수학이 동맹하여
이룩한 세계는 어떤 모습인가?

척도의 발명은 물건, 도구, 식량 등 인간의 삶에 필요한 재화(財貨), 생산품들을 주고받을 수 있는 교환(交換) 혁명을 이루어냈습니다. 교환이란 두 가지 점에서 혁명적인 삶의 방식입니다. 하나는 자신이 삶에서 필요한 것, 생존에 필요한 것을 스스로 만들지 않고 다른 사람이 만든 것으로 살아갈 수 있는 삶의 방식, 문제해결법입니다.

오늘날 대부분 사람은 자신의 생존에 필요한 것들, 먹고 입고 자는 것에 필요한 것들을 스스로 만들지 않습니다. 자급자족하지 않는 것이지요. 도시에 사는 어떤 사람도 자신의 식량을 스스로 생산하지 않습니다. 현대 인류 삶의 가장 큰 특징은 바로 이것입니다. 자신의 생존에, 삶에 꼭 필요한 것들을 스스로 만들지 않는다는 것. 즉 인간은 자신의 생명과 삶을 유지하는 데 필요한 거의 모든 것을 다른 사람에게 의존하며 살아갑니다. 다른 사람이 만든 식량을 얻어먹고 다른 사람이 만든 옷을 얻어 입고 삽니다. 다른 사람이 만든 집에서 다른 사람이 만든 신발을 신고 살아갑니다. 참으로 놀라운 일이지요.

생존에 필요한 것을 직접 만들지 않는다는 것, 다른 사람이 만들고 생산한 것을 사용하면서 살아가는 방식은 필연적으로 '교환'하는 삶을 강요합니다. 현대인의 삶은 곧 교환하는 삶입니다. 자신이 가진 것, 자신이 만들어낸 것을 다른 사람이 만든 것과 교환하는 것. 교환의 규칙이 곧 척도랍니다.

교환하는 삶은 또 하나의 삶의 방식을 만들어냈습니다. 사람이 생존하기 위해서는 여러 가지 물건과 도구들이 필요합니다. 먹을 것, 입을 것, 안전과 방어를 위한 집, 휴식을 위한 것들. 또 여러 종류의 도구들이 필요해요. 만약 스스로 혼자서 이런 것들을 모두 구하거나 만들려면 많은 시간과 에너지가 필요합니다. 교환은 혼자서 모든 것을 만들지 않고 사람들이 각각 역할을 나누어 집중적으로 한 가지 일을 하는 것입니다. 어떤 사람은 농사만 짓고, 어떤 사람은 신발만 만들어요. 어떤 사람은 물고기만 잡고요. 이렇게 역할을 나누어 한 가지 일만 한다면 생산력은 높아지고 물건을 좀 더 잘 만들 수 있을 테지요. 교환은 분업의 힘, 전문성의 힘, 생산력의 힘을 드높이는 삶의 방식입니다.

분업의 삶, 한 가지 일에만 집중하는 삶, 그리고 각자 만들어낸 것을 서로 나누고 교환하며 살아가는 삶에서 꼭 필요한 것이 척도입니다. 서로 만든 것을 교환하기 위해서는 교환의 기준이 필요하겠지요. 물고기를 잡은 어부와 쌀을 생산하는 농민이 물고기와 쌀을 교환하기 위해서 어떤 기준이 있어야 할까요? 쌀 한 되는 물고기 몇 마리와 바꾸어야 할까요? 서로 손해 보지 않았다고 느낄 수 있는 기준은 무엇일까요? 서로 다른 물건을 주고받기 위해서 물건들 사이에 어떤 공통점이 있어야 하지 않을까요? 이 공통점을 재는 방법이 척도입니다. 그리고 그 척도를 나타내는 수단, 도구가 바로 화폐입니다.

위대한 존재는 척도를 만듭니다. 스포츠의 영웅들은 기록을 만들고요. 영웅들이 만든 기록은 하나의 척도가 됩니다. 왕들은 척도를 만들었어요. 중국의 진시황은 척도와 도량형을 통일한 황제로 유명합니다. 왕들이나 국가는 척도와 도량형을 통일시키려고 했습니다. 진시황은 단지 대표적인 예일 뿐입니다. 그들은 왜 척도와 도량형을 통일시키려고 했을까요? 왕의 나라, 국가는 척도와 도량형이 통일될 때만이 존재할 수 있습니다. 이렇듯 지배자들은 척도를 만들었습니다.

6 존재하는 것들의 비밀을 알려주는 특별한 수 0(제로)

수학의 낱말 0(영, 제로)은 무엇을 의미하는가?

호메로스가 쓴 《오디세이아》에는 "노바디(Nobody : 아무도)"라는 낱말이 등장합니다. 외눈박이 키클롭스에게 오디세우스는 자신의 이름을 "노바디"라고 말하지요. 나중에 오디세우스는 술에 취해 잠들어 있는 키클롭스의 외눈을 불타는 창으로 찌르고 도망갑니다. 하나밖에 없는 눈을 찔린 키클롭스가 비명을 지르자 친구들이 달려와 누가 그랬냐고 묻습니다. 그러자 키클롭스는 "노바디!"라고 오디세우스에게 들은 이름을 소리칩니다. 그러나 친구들에겐 "아무도 안 그랬어"라고 들릴 뿐이었지요. 이 덕분에 오디세우스는 여유 있게 달아날 수 있었어요. 그렇다면 'nothing', 'nobody'는 과연 아무것도 없는 것을 가리키는 것일까요?

오디세우스는 신이 아니었습니다. 인간이었지요. 오디세우스는 신들과 싸워서 이긴 인간을 대표합니다. 그는 바다의 신 포세이돈의 공격으로부터 살아남습니다. 신과 싸워서 이긴 인간. 오디세우스는 그야말로

오디세우스에게 눈이 찔린 키클롭스는 '노바디 (Nobody : 아무도)'를 외친다. '아무도 안 그랬어'가 아니라 '아무도가 했어'라고 말하는 것과 같다. 키클롭스에게 '아무도'는 '아무것도 없다'라는 의미가 아니었다.

인간승리의 상징입니다. 신들과 싸워서 어떻게 인간이 이길 수 있단 말인가? 오디세우스가 신들과의 대결에서 사용한 무기는 순전히 '잔꾀'였어요. 신들의 처지에서 보면 '꼼수'인 셈이지요. 잔꾀, 꼼수는 바로 인간의 생각하는 능력으로부터 나옵니다. 요즘 말로 하면 오디세우스는 '사고력'이 엄청 높은 사람이었습니다. 자신의 이름을 "노바디"라고 키클롭스에게 말한 것을 보면 '언어사고력'을 발휘한 것으로 보입니다. 그는 이때 이미 0의 의미에 대해 사유한 것은 아닐까요?

0(제로 zero)을 가리키는 다른 낱말은 무(無), nothing, 없음 등입니다. 과연 0, 무, 없음이란 무엇일까요? 과연 아무것도 없는 것일까요? 아무것도 존재하지 않는 것일까요? '없는 것'이란 무엇을 의미하는 것일까요?

0은 없는 것을 나타내는 기호이며 숫자입니다. 즉 0은 '없는 것이 있다'를 말하고 인식하기 위한 도구(언어)입니다. '없는 것이 있다'니, 이게 말이 될까요? 0은 없는 것을 있게 만드는, 없는 것을 볼 수 있게 하는 마법의 언어이며 마술적인 숫자입니다.

0이 알려 주는 비밀

0의 비슷한 낱말들
없음, 진공, 허공, 어둠, 여백, 백치, 텅 빔, 결핍, 침묵,
빈 노트, 비어 있음, 구멍, 부재, 무지, 사라짐, 끝.

0을 의미하는 낱말은 '비어 있음'입니다. 없음, 결핍이지요. 빈 시간, 침묵, 허공, 진공이며 어둠입니다. 아무것도 그려져 있지 않은 여백이며 빈 노트입니다. 텅 비어 있는 구멍, 빈 공간, 부재(不在)입니다. 모르는 것, 알지 못하는 것, 무지(無知)가 곧 0입니다.

아무것도 쓰여 있지 않은 노트. 빈 노트. 비어 있어야만 쓸 수 있습니다. 비어 있지 않으면, 흰 종이에 여백이 없다면, 글씨를 쓸 수 없습니다. 빈 캔버스가 아니면 화가는 그림을 그릴 수 없지요. 아무것도 그려져 있지 않은 캔버스야말로 그림을 그릴 수 있게 합니다. 비어 있으므로 가능합니다. 그러므로 유(有), 있음은 곧 없음으로부터 나옵니다. 모든 유는 무로부터 만들어집니다. 무(無), 없음이야말로 있음을 가능하게 합니다. 없음이 곧 있음의 어머니입니다.

과연 무(無)란 무엇일까요? 무(nothing)는 없는 것이 아니라 '아무런 차이가 느껴지지 않는 세계'입니다. 차이가 없는 세계가 곧 무의 세계입니다. 눈은 색깔의 차이, 밝음과 어둠의 차이, 모양과 형태의 차이로 사물을 알아봅니다. 귀는 소리의 크기의 차이, 높낮이의 차이, 두께의 차이를 듣습니다. 촉각은 차가움과 뜨거움, 거칠고 부드러움의 차이를 느낍

칠판은 비어 있다. 아무것도 쓰여 있지 않다. 0의 상태. 비어 있음으로 이제 무엇인가를 쓸 수 있다. 빈 칠판은 쓸 수 있는 가능성을 열어준다. 모든 그릇은 비어 있음으로 무엇인가를 담을 수 있다. 그릇 만드는 사람들은 비어 있음을 만든다. 0을 만든다.

니다. 감각은 차이가 없는 것을 느끼지 못하며 없는 것으로 인식합니다. 차이를 먹고 사는, 차이를 느끼며, 차이 때문에 작동하는 우리들의 감각은 차이가 없는 것을 아무것도 없음, 무로 인식합니다.

허공에 아무것도 보이지 않기 때문에 비어 있다, 아무것도 없다고 인식합니다. 그러나 과연 공기 중이나 허공중에 아무것도 없는 것일까요? 눈이 허공에 담겨있는 차이를 보지 못하는 것뿐입니다. 공기 중이나 허공에는 셀 수 없이 수많은 것으로 가득 차 있습니다.

인식되지 않는 것. 인간의 감각으로 느낄 수 없는 것은 존재하지 않는 것으로, 무로 취급됩니다. 사유 되지 않는 것 또한 존재하지 않는 무로 취급됩니다. 그러므로 0은 인식의 경계, 인식의 한계를 나타내는 사유의 언어입니다. 0의 너머에 아무것도 없다는, 더 이상 아무것도 발견되지 않는다는 마지막 신호입니다. 0은 경계의 언어입니다. 0의 너머에는 무언가가 있습니다.

0은 주장합니다. 빈손이다. 모든 것이 사라졌다. 끝이다. 게임아웃. 영화의 마지막 화면. 마냥 하얗다. 0은 정말 끝입니다. 완전무결한 포맷. 아무것도 남아 있지 않은 그곳, 그 상태, 그 시간. 0은 바로 그곳, 그 시간을 표시하는 하나의 언어입니다.

수학의 0은 사칙연산의 규칙을 지키지 않는 무법자이다

숫자들에는 지켜야 할 법이 있습니다. 수학의 법. 그것은 바로 사칙연산의 규칙입니다. 더하기, 빼기, 나누기, 곱하기의 규칙을 숫자들은 지켜야 합니다. 그런데 이 사칙연산의 규칙을 지키지 않는 숫자가 있습니다. 0은 사칙연산의 규칙을 지키지 않아요. 0은 숫자의 세계에서 무법자입니다. 다른 숫자들이 지키는 계산의 규칙을 따르지 않습니다. 그래서 0을 자연수에 포함하지 않아요. 자연수에 0이 포함되지 않는 이유 중 하나는 0이 존재하지 않는다는 의미가 있기 때문입니다. 자연수의 세계에서는 존재하지 않는 것에 대해 사유할 수 없어요. 0은 숫자의 세계에서 요물이며 왕따를 당하는 독특한 존재입니다.

99×0=0.

0에 어떤 수를 곱하든 0이 됩니다. 0은 모든 것을 없애 버리는 힘을 발휘합니다. 0은 곱셈의 세계를 파괴합니다. 0에 어떤 수를 곱하든 0이 됩니다. 0은 곱셈의 세계를 무자비하게 모든 것을 사라지게 합니다. 곱하기의 규칙을 지키지 않지만, 대신 0이 1 뒤에 서면 10배씩 늘어납니다. 10, 100, 1000, 이렇게 1 뒤에 선 0은 전혀 다른 모습으로 변신합니다.

　　0은 나누기를 하지 않습니다. 어떤 수이든 0으로 나누면 계산기는 '에러!'라고 짜증을 냅니다. 왜 0을 나눌 수 없을까요? 아무것도 없는 것을 어떻게 나눌 수 있겠습니까? 0은 '아무것도 없다'이기 때문에 나눌 것이 아예 없지요.

　　1+0=1.

　　어떤 수를 0에 더해도 결과는 달라지지 않습니다. 아무리 0을 많이 더해도 양은 달라지지 않습니다. 뺄셈도 마찬가지예요. 덧셈과 뺄셈의 세계에서 0은 아무런 변화도 없고 무감각합니다. 덧셈과 뺄셈에서 0은 그야말로 존재감이 전혀 없는 존재입니다.

　　수의 세계에서 사칙연산의 규칙을 따르지 않는 0. 모든 것을 사라지게 하는 0의 난폭함 때문에 유럽인들은 오랫동안 0을 악마의 숫자라고 여겼습니다. 인도를 중심으로 한 아시아에서는 0이 숫자로 인정되어 사용되었지만, 유럽인들은 사탄의 숫자로 여겨 0을 오랫동안 받아들이지 않았어요. 0의 무법성이 두려웠던 것일까요?

　　0은 수학의 세계, 사칙연산과 계산의 세계에서 가장 돌발적이며 마치 유령과 같은 캐릭터입니다. 수직선 위에서 0은 양수(+)와 음수(-)를 나누는 기준이 됩니다. 오른쪽으로 가면 양수의 세계, 왼쪽으로 가면 음수의 세계가 펼쳐집니다. 양수의 세계와 음수의 세계가 가능해지는 것은 결국 0이 있기 때문입니다. 0을 가운데 두고 왼쪽과 오른쪽으로 양수와 음수의 세계가 펼쳐집니다. 0은 경계점입니다. 자연수, 정수, 유리수, 무리수 등 숫자들이 줄을 서 있는 수의 수평선에서 가장 중심에 서 있는 그곳에 0이 있습니다.

...... -9, -8, -7, -6, -5, -4, -3, -2, -1, 0, 1, 2, 3, 4, 5, 6, 7, 8, 9 ......

0은 어떤 세계를 펼쳐 보여 주는가, 인간의 감각이 도달하는 마지막 종착역

0의 너머에는 음수의 세계가 있습니다. 인간의 눈에는 음수의 세계가 보이지 않아요. 자연수들은 자연의 세계에서 볼 수 있습니다. 손가락 하나와 숫자 1을 똑같은 것으로 느낄 수 있습니다. 그러나 음수(마이너스)의 세계는 손가락과 발가락으로는 보이지 않습니다. 자연 속에는 음수, 즉 마이너스의 세계가 보이지 않지요. 없는 것을 어떻게 눈으로 볼 수 있겠어요?

...... -3, -2, -1, 0, 1, 2, 3 ......

숫자의 행렬, 숫자의 위치, 숫자의 순서에서 1, 2, 3, 4의 자연수의 세계만을 인간의 감각으로 볼 수 있습니다. 0의 등장은 0 너머엔 과연 무엇이 있을까 하는 호기심을 자극해요. 과연 0 너머엔 무엇이 있을까요? 0의 등장으로 드디어 0의 너머의 세계, 왼쪽으로 상징되는 음수의 세계를 상상할 수 있게 되었습니다. 상상 속에 그려진 음수의 세계가 숫자낱말로 표현되었습니다. 자연수에서 정수로 수의 세계가 확장되는 순간입니다. 음수의 세계는 줄어듦, 적자, 서서히 축소됨, 부족함 그리고 인간의 눈으로는 결코 볼 수 없는 마이크로의 세계, 미세한 세계로 들어가는 하나의 문입니다.

0은 경계입니다. 0 너머의 세계, 0보다 더 작은 세계가 바로 마이너스의 세계입니다. 그렇다면 0은 인간의 감각으로 인식할 수 있는 세계

빈 공간. 공간이 비어 있어야만 무엇인가 존재할 수 있다. 빈 공간이 있으므로 움직일 수 있으며 활동할 수 있다. 0은 텅 빈 공간이다. 우주가 비어 있기 때문에 지구가 존재할 수 있다.

와 인식할 수 없는 세계의 경계를 가리키는 하나의 문이며, 새로운 풍경이 보이는 창입니다. 0은 아무것도 없는 것이 아니라, 인간의 감각으로 알아차릴 수 있는 마지막 끝을 의미합니다. 0의 너머엔 또 다른 세계가 있는 것이지요.

    0보다 더 작은 세계, 즉 마이크로세계를 인간의 감각으로는 느낄 수 없어요. 공기, 미세먼지, 먼지진드기들, 바이러스들, 미생물들, 원자와 분자들은 엄연히 존재하지만, 인간의 감각으로는 알아차릴 수 없습니다. 인간의 눈에는 존재하지 않는 것들입니다. 이들은 0 너머에 존재하는 것들입니다. 있는 세계와 없는 세계를 가르는 경계점에 0이 놓여 있습니다. 그러므로 0은 인간의 감각이 도달하는 마지막 종착역의 이름이랍니다. 0의 역할은 인간의 감각 너머에 있는 것들, 인간의 감각으로 알아볼 수 없을 만큼 작고 미세한 세계로 들어가는 문을 여는 것입니다. 음수의 세계,

마이너스의 세계를 노크할 수 있는 곳, 그곳에 0이 있습니다.

0이 뿜어내는
다양한 사유들

공간이 비어 있지 않는다면 우리는 존재할 수 없습니다. 모든 물체는 공간 속에 존재합니다. 존재하는 것들, 있는 것들은 비어 있는 공간을 차지하고 있습니다. 비어 있는 공간이 없다면 어떻게 무엇이 존재할 수 있을까요? 텅 빈 공간, 아무것도 없는 공간이야말로 무엇인가가 존재할 수 있도록 해줍니다. 빈 공간이 없으면 사물들은 있을 수 없으며, 움직일 수도 없지요.

우주의 75%는 무, 빈 공간으로 이루어졌다고 합니다. 건축가들은 빈 공간을 만들기 위해 건물을 설계합니다. 그릇은 빈 공간 때문에 자신의 역할을 수행하고 존재감을 느낍니다. 그릇은 텅 빈 공간을 만듭니다. 구멍들. 비어 있는 공간. 아무것도 없는 그 공간. 건물을 짓는 것은 빈 공간을 만드는 것입니다.

문자는 여백을 먹고 삽니다. 글자는 쓰이지 않은 공간과 함께 기록되며, 호흡하고 존재하며 성립합니다. 여백이나 빈 공간이 없다면 문자는 성립하지 않습니다. 띄어쓰기는 빈 공간을 만들어가는 적극적 행위입니다. 빈 공간, 없음의 공간을 디자인하면서 문자는 자신의 의미를 전달합니다. 문자를 사용하는 것은 곧 빈 공간을 선으로 그려내는 것과 같습니다. 여러 개의 낱말로 쓰인 문장은 빈 여백의 있음과 없음의 리듬입니다.

모든 균형은 0의 마법입니다. 무용수가 춤을 추면서 넘어지지 않고 균형을 잡을 수 있는 이유는 모든 힘이 모여 무게 중심이 0이 되기 때문입니다. 무게 중심은 모든 무게의 힘이 집중되어 0이 되는 곳입니다. 작용과 반작용이 만나는 지점은 서로 대립하는 힘이 0이 되는 지점입니다.

균형을 이루고 있다. 넘어지지 않고 아슬아슬하게 수평을 이룬다. 모든 힘이 한 곳으로 모여 0이 될 때 균형을 이룬다. 무게 중심은 사방의 힘들이 모여서 0이 되는 곳이다.

저울이 한쪽으로 기울어지지 않고 균형을 이루는 것은 양쪽의 힘이 0으로 맞춰지는 순간입니다. 균형, 평형, 대칭의 세계가 바로 0이 만들어내는 세계입니다.

    침묵은 '소리 없음'입니다. 모든 노래와 음악은 바로 침묵을 먹고 살아요. 소리의 세계에서 침묵은 빈 공간입니다. 마치 빈 노트와 같습니다. 침묵이 받쳐주지 않으면 어떻게 하나의 소리가 들릴 수 있겠어요? 침묵이 없으면 말도 없고 음악도 없습니다. 침묵은 소리가 없는 게 아닙니다. 침묵은 아무 소리도 없는 것이 아니라 어쩌면 가장 큰 소리일 수 있습니다. 인간의 귀가 들을 수 있는 소리는 아주 작은 부분에 불과합니다. 대부분의 소리는 들을 수 없습니다. 침묵은 소리가 나지 않는 것이 아니라 인간이 듣지 못할 뿐입니다. 침묵이 있으므로 인간은 특정한 소리를 들을 수 있습니다. 침묵은 소리가 살아갈 수 있는 공간입니다.

0의 또 다른 모습은 결핍입니다. 없는 것. 부족한 것. 없어서 불편한 것. 우리는 늘 없는 것을 가지려고 욕심을 부립니다. 없는 것을 갖고자 욕망합니다. 갖지 못한 것, 나에게 없는 것을 갈망합니다. 다른 사람은 가지고 있는데 나에게 없는 것을 얻으려고 애쓰는 사람도 있습니다. 또 이 세상에 없는 것을 있게 하고자 애쓰는 사람도 있지요. 이 세상에 한 번도 없었던 것을 만들고자 애쓰는 사람도 있습니다. 없는 것을 있게 하고자 하는 사람들. 이들은 무에서 유를 만들고자 하는 사람들입니다. 무, 없음은 사람들이 도전하게 하는, 삶의 목표가 되기도 합니다.

7 나는 과연 몇 개의 방정식을 가지고 있을까?
방정식의 의미

미지수의 정체를 밝혀라
미지수(未知數 unknown quantity)

"승리의 방정식을 풀어라"라는 말이 있습니다. 방정식을 풀어야 할 사람들은 학생들이 아니라 축구, 농구, 야구 등 스포츠팀을 지휘하는 감독들입니다. 한국 축구가 월드컵이나 올림픽에 나가면 늘 풀어야 할 것이 바로 '승리의 방정식'입니다. 여기서 승리의 방정식이란 과연 어떤 의미일까요? 그것은 이기는 방법을 뜻하겠지요.

수학에서 방정식을 푼다는 것은 미지수인 X를 추적하여 알아내는 것입니다. 그렇다면 추적하는 사람들, 무엇인가를 알아내기 위해 쫓는 사람들은 모두 방정식을 풀고 있다고 말할 수 있겠지요. 범인이 누구인지 알아내기 위해 추적하는 수사관과 탐정들. 그들에게 범인은 알지 못하는, 꼭 알아내야만 하는 미지수 X입니다.

미지수(未知數)란 무엇일까요? 알지 못하는 것들이란 무엇일까요? 그것은 아직 정체를 알 수 없는 것들입니다. 마치 유령처럼 형태와

알고 싶다는 것, 알아야만 하는 것, 모르는 것을 아는 것이 곧 뇌의 욕망이다. 알고 싶은 욕망이 곧 사유, 생각이 살아 있다는 증거이다. 미지수를 가지고 있는 사람이 곧 호모 사피엔스이다.

모습을 붙잡을 수 없는 것들이지요. 이름이 없는 것들, 부를 수 없는 것들도 미지수입니다. 아직 인간의 세계에 들어와 있지 않은 것들도 미지수입니다. 결론에 이르지 않은 것들, 끝나지 않은 것들도 미지수에 속합니다. 아직 이루어지지 않은 것들, 단지 가능성으로만 존재하는 것들도 그 실체를 알 수 없으므로 미지수입니다. 그래서 프랑스의 철학자 데카르트는 미지수의 이름을 X라고 붙였습니다.

　왜 모르는 것을 알고자 할까요? 우리의 눈은 보고자 합니다. 귀는 듣고자 하고 손은 만지고자 합니다. 입은 먹고자 하고 말하고자 해요. 코는 냄새를 맡고자 합니다. 발은 어디론가 가고자 합니다. 엉덩이는 앉고자 해요. 우리의 몸은 모두 어떤 의지를 가지고 있습니다. 욕구, 욕망을 가진 몸은 늘 활동하고 있습니다. 그렇다면 뇌는 어떤 의지를 가지고 있을까요? 바로 알고자 하는 것입니다. 알고자 하는 것이 뇌의 의지이며 뇌의 욕구이자 본능입니다. 뇌가 알고자 하는 의지를 갖지 않는다면, 그 뇌는 병들거나 활동을 멈춘 뇌입니다.

뇌는 왜 알고자 하는 것일까요? 무엇인가에 대해 '안다'라는 것은 어떤 의미일까요? 먹기만 해도 되는데 왜 꼭 알아야만 할까요? 움직이기만 하면 되는데 왜 꼭 알아야만 할까요? 안다는 것은 곧 '생각한다'입니다. 모르는 것은 생각할 수 없습니다. 생각하지 못하는 것은 상상할 수 없으며, 예측할 수 없으며, 결과를 미리 떠올려 볼 수 없습니다.

알고 싶은 것이 있는 사람은 행복합니다. 왜냐하면 생각의 욕망, 사유의 욕망이 살아 있기 때문입니다. 무엇인가 알고 싶은 사람은 알기 위해서 움직이며 추적하겠지요. 그리고 새로운 세계를 발견하고 새로운 느낌을 경험할 것입니다.

알지 못한다는 것, 무지(無知)는 두려움을 불러옵니다. 알지 못하므로 망설이고 선택할 수 없지요. 마치 뿌연 안개처럼 앞을 내다볼 수 없습니다. 어디로 가야 하는지, 어떤 길을 선택해야 하는지 알 수 없습니다. 아는 만큼의 세계가 곧 그 사람이 가지고 있는 세계의 넓이입니다.

우리는 사유(생각)의 미지수를 얼마나 가지고 있을까요? 알고 싶은 것이 있다는 것은 '호기심'을 가지고 있다는 뜻입니다. 눈이 무엇인가를 보기 위해서는 초점을 맞춰야 하듯이, 뇌는 호기심이라는 감각을 지니고 있어요. 호기심이 없다면 뇌의 움직임이 둔해집니다. 알고 싶은 의지를 잃어버렸기 때문입니다. 사유의 호기심에서 미지수 X가 작동합니다. 호기심이 뇌를 충동하고 부추기며 사유의 열정을 발휘하게 하지요. 알고 싶다, 궁금하다, 신기하다, 놀랍다 등의 사유 감정이 생각을 충동합니다. 호기심이란 미지수 X를 찾아서 불확실한 것, 미지의 것, 새로운 것을 받아들이면서 사유의 기쁨과 희열을 느끼게 하는 사유의 안내자입니다.

무엇을 미지수로 하느냐, 무엇을 알고 싶어 하느냐에 따라 사유의 방향이 달라지고, 사유의 방향에 따라 삶의 방향 또한 달라집니다. 모르는 것이 무엇인지를 아는 것, 자신이 무엇을 알고 싶은지를 아는 순간, 바로 미지수 X가 등장합니다.

    삶은 문제의 연속입니다. 풀어야 할 문제와 과제가 늘 등장합니다. 사람마다 문제의 종류와 크기가 다르게 다가옵니다. 문제를 해결하면 발전할 수도 있고 승리할 수도 있습니다. 문제는 해결방법을 아직 모르기 때문에 문제가 됩니다. 모든 문제는 미지수 X를 가지고 있습니다. 문제해결 방법이 바로 미지수 X입니다. 문제를 해결하는 법을 알아냈다면 미지수를 푼 것입니다. 답을 찾은 것이지요. 그 사람은 자신만의 '문제해결의 방정식'을 갖게 되겠지요.

    방정식(方程式), 그것은 X(미지수)를 찾는 식입니다. 미지수(未知數). 아직 알지 못하는 것. 모르는 것을 추적하여 정체를 밝히는 것이 바로 방정식입니다. 수학에서는 미지수가 X로 표현되지만, 셜록 홈즈에게 미지수는 범인입니다. 문학작품은 늘 무엇인가를 찾고자 합니다. 등장인물들은 모두 자신이 찾고자 하는 미지수를 품고 있습니다.

미지수를 신들에게 물었던 사람들

    몸이 아픈데 원인을 알지 못한다면 어떻게 할까요? 병의 원인을 알 수 없으니 치료할 수 없겠지요. 중세시대의 사람들은 바이러스와 미생물의 존재를 알지 못했습니다. 그들은 왜 전염병이 생기는지 알지 못했습니다. 그래서 병을 하늘의 재앙, 신이 내린 징벌이라고 믿었습니다. 또 왜 천둥·번개가 치는지 알지 못하여 두려워하고 무서워했습니다. 알지 못하는 것, 즉 무지는 무섭고 두려운 질병이며 재앙입니다. 고대사회에서 인류는 모르는 것, 알지 못하는 것을 모두 신의 영역으로 생각했습니다. 병

모르는 것, 알고 싶은 것을 신에게 묻는 것이 신탁(神託)이다. 스스로 알아내지 않고 신에게 묻는다. 이제 인간은 신에게 묻지 않고 스스로 미지수를 알아내려고 한다.

을 고칠 방법을 아는 사람은 신의 능력을 가진 사람으로 숭배했습니다. 그래서 병이 나면 신에게 빌었어요. 무서움과 두려움을 신의 도움으로 해결하고자 했습니다.

　　인류가 이 세상에 대해 많이 알지 못했을 때, 옛사람들은 자신들이 모르는 것을 신에게 물었어요. 그것이 바로 신탁(神卓)입니다. 그리스 신화에 등장하는 신들은 자신의 신전을 가지고 있었어요. 사람들은 자신들이 숭배하는 신들에게 제물을 올리면서 알지 못하는 것들에 대해 물었습니다. 알 수 없는 내일 날씨와 기후에 대해서 하늘에 물었지요. 원인 모를 질병과 고통에 대해서 무녀와 신에게 원인을 묻고 치료해 주기를 빌었습니다. 알지 못하면 누군가에게 자신의 운명을 맡겨야 합니다. 알지 못하면 독립할 수 없으며 누군가에게 의지해야만 합니다. 옛사람들은 자신들의 미지수를 신과 무녀들에게 맡겼습니다.

고대와 중세시대에는 노예와 노비들에게 질문이 금지되었습니다. 오직 주인만이 질문하고 명령할 수 있었습니다. 왕들이 지배하던 시대에도 백성과 신하들의 질문은 금지되었습니다. 오직 왕만이 질문하고 명령할 수 있었습니다. 중세의 성직자들은 호기심을 죄악시해 "신은 꼬치꼬치 따져 묻는 자들을 위해 지옥을 마련했다"라고 말했습니다. 미지수를 갖지 않는 것이 곧 신의 품 안에서 믿음을 지키는 것이었습니다. 궁금해 하지 않는 것, 주인과 왕 그리고 신이 시키는 대로, 명령대로 살아가는 것이 당연한 시대가 오랫동안 지속 되었습니다.

알지 못하는 것, 미지수를 신에게 맡겼던 시대에서 이제 모든 사람이 스스로 질문하고 미지수를 찾아가는 시대가 되었습니다. 수학에서 X로 표현되는 미지수는 인간이 스스로, 자신의 사유능력으로 무지를 해결하고자 하는 의지의 표현입니다. 삶의 의문을 다른 존재에게 맡기지 않고 주체적으로 해결해 나가고자 하는, 사유(생각)하는 인간의 욕망입니다. 미지수의 탄생, 그리고 미지수를 푸는 방정식을 찾아가는 것이 모든 사람에게 허용되었다는 것은 곧 스스로 자신의 삶을 주체적으로 살아갈 수 있는 시대가 되었음을 의미합니다. 수학에서 방정식을 푼다는 것은 곧 사유 속에서 스스로 미지수를 찾아갈 수 있다는 것을 의미합니다.

우리는 삶 속에서 각자 방정식을 만들어 간다

과학자 뉴턴이 가졌던 미지수는 무엇이었을까요? 뉴턴이 가장 알고 싶었던 것은 무엇이었을까요? '사과는 땅으로 떨어지는데 왜 달은 떨어지지 않을까?' 이것이 뉴턴의 미지수였습니다. 이것이 뉴턴이 가졌던 의문, 질문입니다. 이 미지수를 푼 결과, 그 답이 바로 만유인력, 중력의 방정식입니다.

아인슈타인은 어떤 미지수를 가지고 있었을까요? '내가 만약 거울을 손에 들고 빛의 속도로 날아간다면 그 거울에 내 모습이 비칠까 비치지 않을까?'였습니다. 이 미지수를 푼 결과, 그 답이 바로 '상대성이론의 방정식'이었지요. 모든 과학자, 학자들은 가슴에 품은 질문, 미지수를 가지고 있습니다.

뉴턴은 'F=ma'라는 힘의 방정식을 발견했습니다. 아인슈타인은 그 유명한 'E=mc²'이라는 에너지 방정식을 만들었습니다. 과학자들의 꿈은 방정식을 얻는 것입니다. 그리고 그 방정식은 어떤 미지수를 정하냐에 따라 달라집니다.

우리는 아는 것을 통해 모르는 것을 알아갑니다. 경험이 곧 아는 것의 출발입니다. 아침에 해가 떠오르지요. 해가 떠오르는 것을 처음 본 사람이 있었습니다. 어라? 해가 떠오르다니 놀라운 일인걸! 다음날에 또 해가 떠오릅니다. 어라? 또 해가 떠오르네! 그 사람은 다음날에도 해가 떠오르는 것을 보았어요. 아! 해는 아침마다 떠오르는구나! 처음의 경험, 한 번 경험한 것으로는 확신이 서지 않습니다. 여러 번에 걸쳐 경험한 것, 반복적으로 경험하고 확인한 것이 비로소 확신과 신념이 됩니다. 그리고 그 확신과 신념은 더욱 단단해져 예외가 없는 법칙과 규칙이 됩니다. 법칙과 규칙은 '지식'이 되어 다른 사람에게 전파되고 전염됩니다. 많은 사람이 함께 알게 되고, 믿음과 신념이 되어 집단의 문화가 되기도 합니다.

경험이 쌓이고 아는 것이 반복되면 하나의 식(式)이 만들어집니다. 하나의 틀, 하나의 모델, 하나의 방법이 세워지는 것이지요. 겨울에 추위를 이겨내는 방법, 여름에 더위를 이겨내는 방법. 사람과 사람이 만나면 서로 인사하는 방법. 어른과 아이의 관계에서 지켜야 할 예의. 이러한 모든 관계에서 하나의 틀, 하나의 식이 만들어집니다. 이것이 관계의 방식이며, 이것이 모여 문화가 됩니다. 그러므로 방식은 경험의 축적이고, 오랫동안 사람들이 반복해서 행동하고 살아온 지식과 지혜가 쌓여있어요. 사

아인슈타인의 방정식. 에너지를 만들어내는 법을 알려주는 위대한 방정식이다. 그가 알고 싶었던 미지수. 오랫동안 생각하고 또 생각해서 드디어 미지수를 풀었다.

람들이 무엇을 알고 있는가를 나타내고 담고 있는 것이 곧 삶의 방식(方式)입니다. 방식은 바로 방정식(方程式)의 다른 이름입니다.

　　방정식의 다른 이름은 공식, 법칙, 방식, 방법, 매뉴얼, 레시피, 방안, 비결, 비법 등입니다. 수학에서 사용하는 '방정(方程)'은 중국의 고대 수학책 《구장산술(九章算術)》에 등장하는 이름입니다. 《구장산술》은 모두 아홉 권으로 이루어져 있는데, 제8권의 제목이 '방정(方程)'이에요. 이 책을 쓴 중국의 수학자 이선란(李善蘭, 1811~1882)은 서양의 수학책과 과학책을 중국어로 번역했는데, 'equation'을 번역하기 위해 '방정'을 이용해서 '방정식'이란 말을 만들었습니다.

　　미지수를 X로 표현한 사람은 "나는 생각한다. 그러므로 존재한다."라는 말로 유명한 프랑스의 철학자이자 수학자였던 르네 데카르트였습니다. 데카르트는 기지수(旣知數), 그러니까 이미 알고 있는 수는 알파벳 첫 번째 문자 a, b, c를 사용했고, 아직 모르는 수, 미지수(未知數)

는 알파벳의 마지막 문자 x, y, z로 사용했습니다. 데카르트가 왜 y나 z보다 x를 대표적인 미지수로 썼는지는 알려지지 않았습니다. 데카르트 이전에 X는 이슬람의 천문학자였던 무함마드 알콰리즈미(Muhammad Al-Khwarizmi)가 9세기에 남긴 책《알자브르 알무카발라(Kitab al-jabr wal-muqabala)》에 등장합니다. 참고로 그의 이름에서 알고리즘(algorithm)이라는 단어가 유래되기도 했습니다.

방정식이란 무엇인가?

행복의 방정식이란 무엇일까요? 행복해지는 방법을 알고 싶은 사람들이 만드는 방정식입니다. 사랑의 방정식은요? 사랑하는 법을 알고 싶어 하는 사람들이 만들어내는 방정식이겠지요. 행복의 공식이 과연 있을까요? 아니, 모든 사람에게 적용되는 행복의 방정식이 있을까요? 행복이 과연 객관적일 수 있을까요? 사람들은 누구나 사랑의 방정식, 행복의 방정식을 찾기를 원합니다.

맛있는 밥을 하는 방법은 밥의 방정식일 테지요. 물의 양, 불의 온도, 끓이는 시간 등 맛있는 밥을 하는 밥솥이 갖는 방정식입니다. 전기밥솥은 '밥의 방정식'을 가지고 있어요. 밥솥에는 밥을 하는 과정과 순서가 저장되어 있습니다. 요리의 방정식은 요리의 레시피이지요. 요리의 방정식은 사람마다 조금씩 다릅니다. 똑같은 음식도 요리하는 사람에 따라 맛이 다릅니다. 자기만이 가지고 있는 요리 비법, 문제 해결법이 있기 때문입니다. 자기만의 맛있는 라면 끓이는 법을 알고 있다면, 그것이 자신의 라면 요리 방정식입니다.

누구에게나 해당하는 공식, 누구나 똑같은 답을 찾아낼 수 있는 공식을 만들어내는 것이 바로 수학의 방정식입니다. 수학에서 방정식이란 추상적인 수나 기호로 표현되지요. 특정한 개인이 아닌 누구나 답을 찾아낼 수 있는 공식, 방법이기 때문입니다.

모든 기계는 방정식을 가지고 있습니다. 기계는 똑같은 일을 반복하면서 똑같은 제품을 만들어냅니다. 기계는 공식, 방정식을 실행하는 존재입니다. 기계는 자신에게 입력된 공식, 방정식을 평생 운명처럼 반복합니다. 단 한 번도 틀림이 없이 언제나 똑같이 반복하지요. 과학자와 기술자들은 기계를 움직이기 위한 방정식과 공식을 찾아서 기계에 입력합니다. 오늘날 기계 문명, 산업 문명은 공식과 방정식에 의해 건설되었습니다. 현대인과 가장 친한 기계인 휴대전화에는 과연 어떤 방정식, 공식이 담겨있을까요? 휴대전화는 어떤 방정식을 자신의 운명으로 실천하고 있는 것일까요?

인간의 몸은 여러 가지 방정식을 가지고 움직입니다. 음식을 먹으면 위는 소화를 시키지요. 위는 음식을 소화하는 방정식을 가지고 있

모든 기계는 방정식을 가지고 있다. 그들은 평생 방정식에 따라 똑같은 행동을 반복한다. 변함이 없다. 기계들이 기억하고 있는 방정식은 수학 언어로 쓰여 있다.

습니다. 심장, 간, 뇌 등 신체 기관들은 자신들의 방정식에 따라 움직입니다. 식물들도 자신만의 방정식을 가지고 꽃을 피우고 열매를 맺지요. 동물들도 자신의 본능에 따라, 즉 본능 방정식에 따라 활동합니다. 컴퓨터와 휴대전화도 방정식을 가지고 있어요. 프로그램이 하나의 방정식입니다. 정보를 입력하면 어떤 순서로 작동하는지 프로그램으로 정해져 있습니다. 자동차를 운전하는 사람은 운전하는 법, 즉 운전 방정식을 실행할 줄 압니다.

방정식은 신념, 믿음이 된다

우리는 경험과 학습을 통해 각자 자신만의 행위의 방정식, 실천의 방정식을 가지고 있습니다. 스스로 터득한 경험과 체험, 그리고 지식을 바탕으로 자신만의 매뉴얼을 가지고 있지요. 자신만의 매뉴얼은 개인적 신념과 믿음이 됩니다. 우리 모두 무엇인가에 대해 확신이 있어요. 믿음과 확신이 부족하면 자신 있게 행동할 수 없습니다. 나는 어떤 신념, 어떤 방정식을 가지고 있나요? 내가 가지고 있는 사유의 방정식은 무엇일까요? 나만의 독특한 방정식인가요? 아니면 여러 사람이 공통적으로 가지고 있는 방정식인가요?

수학에서 미지수를 찾는 방정식의 또 다른 이름은 바로 방식(方式), 매뉴얼입니다. 미지수 X를 풀어내는 결과는 하나의 식으로, 방식으로, 과정과 절차로 만들어집니다. 모든 프로그램은 방정식을 펼쳐놓은 것입니다. 그것은 문제를 해결하는 과정이며 답에 이르는 길이고 로드맵입니다. 길을 찾아가는 내비게이션은 곧 하나의 방정식입니다.

우리의 삶은 이미 많은 방정식으로 이루어져 있습니다. 발은 걷는 법을 알고 있지요. 걷기의 방정식입니다. 몸의 각 기관은 자신의 역할

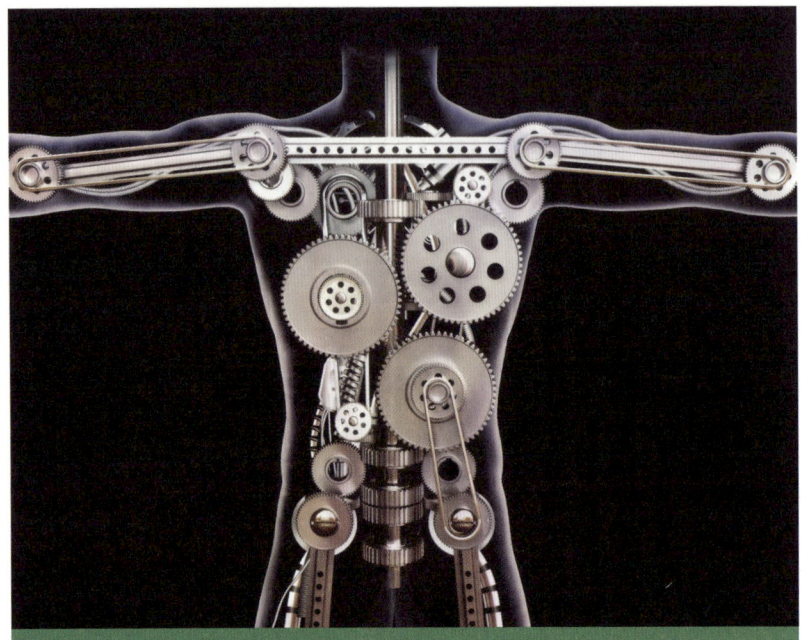
사람의 몸은 기관마다 자신의 방정식을 가지고 있다. 기억하고 있는 프로그램, 매뉴얼에 따라 활동한다. 방정식이 어긋나면 병이 난 것이다.

을 익숙한 방식으로 수행합니다. 신체의 모든 기관은 터득한 방정식 속에서 움직입니다. 익숙해진 것, 생각하지 않아도 저절로 움직이는 것, 습관이 되어 버린 것에는 방정식이 숨어있습니다. 몸뿐만 아니라, 생각(사유) 또한 방정식을 가지고 있습니다. 생각의 방정식 중 대표적인 것이 바로 논리적인 생각입니다. 생각의 순서, 생각의 절차에는 생각의 방정식이 작동합니다.

　　　이미 미지수를 푼 것들이 바로 지식입니다. 지식이 모여서 하나의 프로그램이 되지요. 인류는 자신들이 만들어낸 기계의 종류, 기계의 숫자만큼이나 많은 지식들, 미지수를 풀었습니다. 인류의 역사는 미지수를 찾아가는 과정입니다. '이렇게 하면 된다'라는 신념과 믿음은 미지수를 넘어서서, 미지수를 정복한 결과들입니다.

　　　　인류에게는 아직 풀리지 않은, 알 수 없는 것들이 많이 있습니다. 세상은 신비로움으로 가득 차 있지요. 세계는 자신의 비밀을 모두 털어놓지 않았습니다. 세계는 쉽게 비밀을 알려 주지 않습니다. 미지수의 세계가 우주만큼 열려 있어요. 세계와 우주의 크기를 알 수 없으므로, 미지의 세계는 상상할 수 없을 만큼 많이 존재합니다.

　　　　즐거움의 방정식, 기쁨의 방정식은 사람마다 각자 다릅니다. 수학의 방정식처럼 답이 하나인 방정식도 있지만, 삶의 방정식은 답이 하나가 아닙니다. 사람마다 개성이 있고 특별함과 독특함이 있기 때문입니다. 음식의 맛이 하나의 레시피로 똑같이 만들어질 수 없듯이, 삶의 방정식 또한 하나가 아닙니다. 게임이 재미없어지는 것은 하나의 방정식으로 똑같은 장면이 반복될 때입니다. 승패가 이미 결정된 게임은 재미없습니다.

　　　　자신만의 독특한 삶의 방식, 삶의 이야기를 만들어가는 과정은 곧 삶의 방정식을 풀어가는 것입니다. 다른 사람의 방정식으로 나의 삶을 살아갈 수는 없습니다. 그러므로 우리는 주어진 방정식을 푸는 것만이 아니라 나만의 삶의 방정식을 만들고 있습니다.

8 수학 언어가 만들어낸 세계들
정수, 유리수, 무리수의 세계

정수(整數 integer)란 어떤 세계인가?

루이스 캐롤이 쓴 《이상한 나라의 앨리스》에서 주인공 앨리스는 말하는 토끼를 따라가다가 갑자기 땅 밑 지하세계로 추락합니다. 끝없는 추락, 밑으로 밑으로 내려가지요. 그리고 몸이 작아집니다. 앨리스는 마이너스의 세계, 음(-)의 세계로 들어간 것입니다. 앨리스가 방문한 마이너스의 세계, 음의 세계에서는 플러스와 양의 세계에서는 도저히 상상할 수 없는 기상천외한 사건들이 펼쳐집니다. '이상한 나라'는 인간의 감각으로는 이해할 수 없는 세계를 의미합니다. 혹시 앨리스는 음수의 세계, 즉 자연수의 세계가 아닌 정수의 세계로 들어간 것은 아닐까요?

1, 2, 3, 4, 5, 6, 7, 8, 9 등 자연수가 1이 하나씩 증가하는, 늘어나는 수의 세계만을 보여준다면, 정수는 1이 하나씩 줄어드는 세계, 1이 하나씩 사라지는 세계를 함께 보여주는 수의 세계입니다. 자연수가 인간의 감각으로 느낄 수 있는 세계라면, 정수는 인간의 감각을 뛰어넘은, 감각

너머의 세계로 들어갑니다.

$$\cdots\cdots -9, -8, -7, -6, -5, -4, -3, -2, -1,$$
$$0, 1, 2, 3, 4, 5, 6, 7, 8, 9 \cdots\cdots$$

이것이 정수가 보여주는 수의 세계입니다. 정수는 자연수에 0과 음수(陰數 negative number)로 이루어져 있어요. 정수의 세계에서 드디어 마이너스와 플러스가 등장하지요. 자연수가 덧셈을 중심으로 늘어남의 세계, 쌓임과 누적의 세계, 증가와 커짐, 상승과 올라감의 세계를 사유하게 한다면, 정수는 음수의 등장으로 줄어듦, 작아짐, 사라짐, 부족함, 떨어짐, 추락과 축소의 세계를 사유할 수 있게 합니다.

음수는 특별한 세계를 사유하고 표현하는 수학의 낱말입니다. 아주 아주 작은 세계, 인간의 눈으로는 볼 수 없는 세계. 즉 인간의 감각 너머에 존재하는 세계를 구체적으로 표현하는 언어가 되었습니다.

마이너스의 세계를 마이크로(micro) 세계라고도 합니다. 마이크로는 10의 마이너스 6제곱의 세계를 가리키는 단위입니다. 마이너스 세계, 마이크로의 세계는 미립자의 세계, 바이러스와 미생물의 세계입니다. 인간의 눈으로는 볼 수 없는 세계, 인간의 감각으로 발견할 수 없을 만큼 작은 세계이지요. 인간의 감각 너머에 있는, 감각으로 알아차릴 수 없는 세계를 표현하고 지시하는 수학의 낱말, 수학 언어가 바로 음수, 마이너스입니다.

음수의 세계, 마이너스의 세계에 대한 사유는 현미경의 발명과 깊이 관련되어 있습니다. 현미경이 발명되기 전까지 인간이 발견하고 알아차릴 수 있는 세계의 범위는 인간의 감각까지였어요. 맨눈으로 볼 수 있는 것만이 존재하는 것이었습니다. 눈에 보이지 않는 것은 존재하지 않는 것으로 생각했습니다. 인간의 감각 너머에 있는 것은 모두 '신'

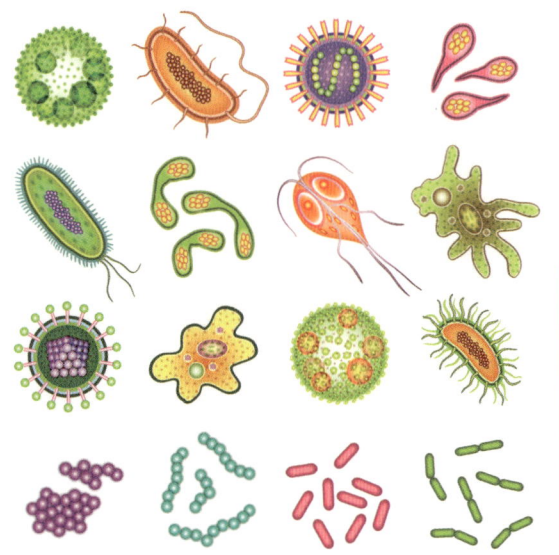

현미경으로만 볼 수 있는 미생물의 세계. 음수, 마이너스의 언어로 표현된다. 미생물의 세계는 정수의 언어로 그 크기를 나타낸다. 정수가 담당하는 세계는 인간의 감각을 뛰어넘는 세계이다.

의 세계로 여겼습니다. 인간의 눈으로 보면 허공에는 아무것도 보이지 않아요.

현미경의 등장은 그야말로 혁명적인 사건이었어요. 현미경으로 들여다보니 그동안 인간의 눈에 보이지 않았던 존재들이 갑자기 출현했습니다. 숨어있었던 존재들이 한꺼번에 등장했지요. 지구에 사는 존재들이 느닷없이, 엄청나게 불어났습니다. 그들은 알 수 없는 존재들이었기에 이름이 없었습니다. 너무나 작아서, 너무 미세해서 인간의 감각으로는 도저히 알아차릴 수 없는 그 존재들의 세계를, 그 존재들의 크기를 어떻게 표현하고 이름 붙일 수 있을까요? 그들이 존재하는 세계를 어떻게 형상화할 수 있을까요? 그들의 크기와 형상을 음수, 마이너스의 세계로 표현할 수 있습니다. 0을 기준으로 0보다 작은 세계를 음수, 마이너스의 세계로 언어화한 것입니다.

음수, 마이너스는 0을 기준으로 왼쪽에 줄을 섭니다. 양수, 플러스의 세계는 0을 기준으로 오른쪽에 줄을 섭니다.

…… -9, -8, -7, -6, -5, -4, -3, -2, -1, 0, 1, 2, 3, 4, 5, 6, 7, 8, 9 ……

자연수는 0을 기준으로 오른쪽의 세계만을 사유(생각)합니다. 자연수는 오른쪽으로 갈수록 증가, 늘어남, 쌓임의 세계를 보여줍니다. 오로지 오른쪽 방향으로만 치닫던 숫자의 수평선은 음수의 발견으로 드디어 왼쪽 방향을 회복했습니다. 마치 절벽처럼, 하나의 거대한 벽처럼 존재했던 0의 반대 방향을 돌파하는 사고가 가능해졌습니다. 음수의 발견, 발명으로 수직선, 수평선이 완성되었습니다.

온도가 얼마나 내려갔을까요? 돈이 얼마나 부족할까요? 수입이 얼마나 줄어들었을까요? 그것은 얼마나 작고 미세한가요? 이러한 질문에 정확하고 명확하게 그 양을 나타내고 잴 수 있는 숫자의 단위를 음수가 담당합니다. 방송에서 날씨를 알려 주는 일기예보 진행자가 기온을 말합니다. "오늘 기온은 영하 몇 도입니다." 이때 영하(零下)는 0도 밑이라는 의미입니다. 영하와 영상(零上)으로 기온의 따뜻함과 차가움을 표현합니다. 영하는 곧 0도 이하의 온도를 마이너스로 표현하지요. 물론 여기서 0도는 순전히 인간이 정해 놓은 기준입니다. 열대지방의 사람들, 늘 날씨가 따뜻한 곳에 사는 사람들은 영하의 온도를 쉽게 이해할 수 없습니다. 영하 20도의 느낌을 상상하기 힘듭니다.

인간은 과거로 되돌아갈 수 없습니다. 과거를 상상, 사유할 수는 있지만, 과거로 되돌아가서 다시 살 수는 없지요. 음수는 숫자의 수평선 위에서 0으로부터 시작되는 양수의 세계로부터 영원히 되돌아갈 수 없

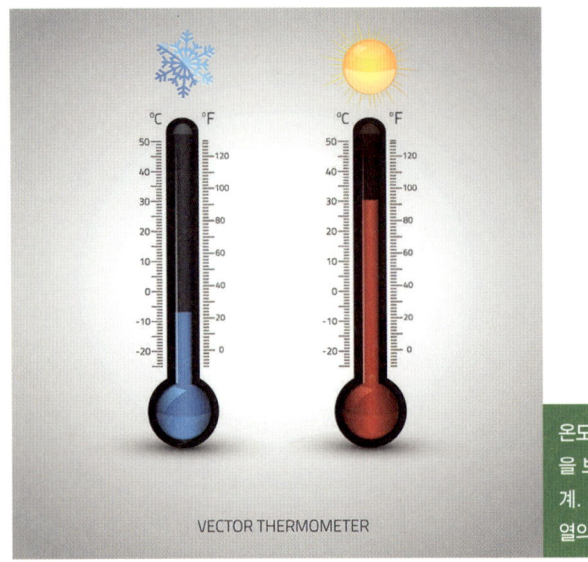

온도계는 0도 이하의 차가움을 보여준다. 영하(零下)의 세계. 온도계는 정수의 언어로 열의 크기를 표현한다.

었던 0 이전의 세계를 상상할 수 있는 길을 열었습니다. 몸으로는 과거로 되돌아갈 수 없지만, 적어도 사고, 사유 속에서는 과거로 되돌아갈 수 있게 되었습니다. 그리고 사유 속에서 되돌아간 시간, 과거를 음수로 표현할 수 있게 되었지요.

  자연수와 정수를 한꺼번에 '완전수(完全數)'라고 부르기도 합니다. 왜 자연수와 정수는 완전수라는 이름을 갖게 되었을까요? 오직 1의 증가와 1의 감소로 구성되는 수. 자연수로서 1, 정수로서 1은 더 이상 분해되지 않습니다. 그래서 자연수와 정수에서 숫자들은 완벽한 숫자라는 이름을 가집니다. 더 이상 쪼개지거나 부서지지 않는 수라는 점에서 완전수라고 부르는 것입니다. 자신의 정체성, 성격을 변화하지 않고 지키며 유지하는 수라는 의미입니다.

  작아지고 커지고 변화되고 낡아져도 결코 자신의 본질과 정체성을 잃지 않는 영원한 수. 완전수라는 이름은 항상 자신을 보존하며 다른 어떤 것들과도 섞이지 않고 자신을 유지하는 존재를 상상하게 합니다.

인간의 감각을 통해서 인식되는 모든 것들은 사라지거나 변화합니다. 모든 견고한 것은 시간의 공격을 받고 서서히 낡아지고 스러집니다. 인간은 자연수와 정수를 통해서 '모든 것은 변화한다'라는 자연의 섭리에 반대되는 것을 상상하고 사유합니다. 영원히 변화하지 않고 자신의 정체성을 지키는 것을 사유 속에서 만들어내지요. 영원한 것에 대한 갈망을 숫자로 표현합니다.

수학이 만들어낸, 아니 인간의 뇌가 만들어낸 정수의 세계는 정수만의 규칙이 있습니다. 정수의 세계에는 자연수의 세계에는 없었던 '음수'가 살고 있습니다. 자연수의 좁은 세계에서 정수의 세계로 인간의 세계가 확장되었습니다. 인간이 인식할 수 있는 세계, 사유할 수 있는 세계가 한 겹 더 넓어진 것이지요. 자연수의 세계에서 지켜지는 규칙이 과연 정수의 세계에서도 지켜질 수 있을까요? 정수의 세계에서만 적용되는 규칙과 질서가 있겠지요. 새로운 세계, 감각 너머의 세계를 표현하는 정수의 세계에는 어떤 규칙들이 있을까요?

인간의 눈은 달걀 속을 볼 수 없다. 인간의 감각은 달걀껍질을 뚫지 못한다. 자연수는 감각으로 느낄 수 있는 세계를 담당한다. 드디어 감각을 뛰어넘어 달걀 속으로 들어간다. 감각 너머의 세계, 숨겨진 세계를 정수가 표현한다.

유리수(有理數)란 어떤 세계를 만들까?

정수와 자연수의 세계에서 1은 결코 쪼개지거나 나누어질 수 없습니다. 1이 자신의 정체성을 지키면서 다양하게 활동하는 세계가 바로 자연수와 정수의 세계였습니다. 그런데 수의 세계, 사유의 세계에 또 한 번 새로운 수가 발명, 발견됩니다. 1이 드디어 쪼개집니다. 0과 1 사이에 어떤 수가 존재하는 것일까? 1은 과연 분해될 수 없는 수일까? 1은 과연 영원히 1일까? 2를 1로 나누면 두 개가 되지만 만약 두 개를 3명이 나누면 어떻게 될까? 분해와 분배, 비교와 비율의 세계에서 발견된 수의 세계가 바로 유리수(有理數)입니다. 유리수는 나누어질 수 있는 수, 즉 분수(分數)가 등장합니다. 유리수는 영어 이름으로 풀이해 보면 비율(比率)을 나타낼 수 있는 수예요. 'rational number'.

5를 4로 나누면(5÷4)=1.25
10을 4로 나누면(10÷4)=2.5
7을 2로 나누면(7÷2)=3.5
5를 8로 나누면(5÷8)=0.625
2를 4로 나누면(2÷4)=0.5

1.25, 2.5, 3.5, 0.625, 0.5 등이 유리수입니다. 일정한 비율로 쪼개지고 분해되어 등장하는 수입니다. 자연수와 정수는 분해되지 않는다는 점에서 완전수라고 불렸습니다. 이제 유리수가 등장하여 무너지지 않았던 1을 분해하고 쪼개서 나눔의 세계, 나눗셈의 사유가 가능하게 되었습니다.

10을 2로 나누면 5가 됩니다. 이것은 자연수와 정수의 범위에서

정확히 나눠야 한다. 똑같이 분배해야 한다. 부스러기가 남아서는 안 된다. 유리수는 정확히, 공평하게 똑같이 나누고 분해하는 것을 담당하는 수학 언어이다.

도 나누어져요. 그런데 5를 4로 나누면 1.25가 됩니다. 1.25는 자연수와 정수에서는 볼 수 없었던 숫자입니다. 새로운 숫자이지요. 소수점 이하의 숫자가 등장하는 것입니다. 1.25는 1과 0.25가 더해진 숫자입니다. 0.25라는 숫자는 과연 무엇일까요? 1보다 작지만 0보다는 큰 숫자예요. 아직 음수의 영역으로 넘어가지 않은 양수이지만 1보다는 작지요. 자연수와 정수의 세계에서는 1보다 작지만 0보다 큰 숫자는 없습니다. 자연수와 정수의 세계에서 1은 쪼개지거나 나누어지지 않지만, 유리수의 세계에서는 1이 나누어져요. 1은 0.25가 4번 쪼개진 수입니다.

　　1은 결코 나누어지거나 쪼개질 수 없을 것처럼 견고했어요. 정수의 세계에서 0과 1 사이에는 아무런 숫자도 존재하지 않습니다. 그런데 유리수의 세계에서는 0과 1 사이에 새로운 숫자들이 등장합니다. 0.1,

0.25, 0.3, 0.5 등 1이 분해되고 쪼개져야만 존재할 수 있는 숫자들이 출현합니다.

유리수는 그야말로 깔끔하게 나누어지는 수입니다. 1을 쪼개고 나눌 수 있다는 것은 작은 세계도 분해하고 조각낼 수 있는 사유 능력을 갖게 되었음을 의미합니다. 아주 작은 부스러기, 눈에 보이지 않는 먼지 같은 조각들도 숫자로서 이름을 붙일 수 있게 되었어요. 유리수, 분수(分數)의 발견과 발명으로 인간은 이 세계를 더욱더 미세하게, 작은 부분으로 쪼개고 분해할 수 있게 되었습니다.

분수와 유리수의 정신을 가장 잘 실천하는 기계가 바로 시계입니다. 시간을 재는 시계는 시간을 잘게 쪼개고 분해해서 보여줍니다. 자연수의 시계는 오직 1시간 단위의 시간만을 보여 줄 수 있어요. 자연수의 시계는 0.5초라는 시간을 보여 줄 수 없습니다. 유리수의 시계는 1과 0 사이의 시간을 보여 줄 수 있습니다. 수영이나 육상경기에서 선수들의 기록을 0.0001초까지 잴 수 있어야만 합니다. 자연수의 시계로는 도저히 선수들의 우열을 알아낼 수 없습니다. 선수들의 기록을 아주 작은 부분까지 잴 수 없기 때문입니다. 유리수의 시계만이 기록경기를 잴 수 있습니다.

나눈다는 것은 곧 쪼갠다는 것입니다. 분해되는 세계란 어떤 모양일까요? 유리수는 나눔, 분리, 분해, 분석, 이별, 격리, 헤어짐의 세계를 상상하게 합니다. 분해하고 쪼갠 것을 명백히 나타내고 표현할 수 있는 능력을 유리수가 열어줍니다. 쪼개지고 나누어지고 파편화되고 분해되는 것을 깔끔하고 분명하게 표현할 수 있는 수학의 낱말, 수학의 언어가 바로 유리수입니다.

유리수는 나누어지되 미련 없이, 정확하게 몫을 보여주는 수입니다. 으스러지고 뭉개지고 하나로 모여있다가 흩어지는 자연현상에 대해 어떻게 명백하게 사유하고 그것을 언어로 표현할 수 있을까요? 만약 재

수영경기, 육상경기에서는 0.0001초까지 잰다. 유리수의 시계이다. 유리수의 시계는 1초를 나누고 쪼개어 정확히 잰다. 유리수의 세계에는 부스러기가 없다. 깔끔하게 나누어지기 때문이다.

산을 깔끔하게 분배하지 못한다면, 조금이라도 나눔의 몫이 다르다면 분명 분쟁이 생길 것입니다. 정확히 나누고 분배해야만 하는 상황은 여러 사람이 함께 살아가는 세계에서 늘 생기기 마련입니다.

    수학에서 유리수의 발견은 인간의 측정 능력, 양을 재는 능력을 더욱 높여주었어요. 잴 수 있으려면, 측정할 수 있으려면 쪼개고 나누어야만 하기 때문입니다. 거대한 것은 그 무게와 양을 쉽게 잴 수 없습니다. 거대한 것을 작은 것으로 쪼개고 나누면 전체의 무게와 양을 잴 수 있지요. 아무리 거대하고 큰 것이라 할지라도, 아무리 무겁고 많은 양이라 할지라도, 이제 그것을 부분으로 정확하게 쪼갤 수 있다면 전체를 측정할 수 있습니다.

    전체 속에서 부분을 발견하는 사고. 1년 365일 중 오늘 하루를 발견하는 사고. 달력 속의 하루하루는 정확히 똑같은 공간으로, 똑같은 모양으로 그려져 있습니다. 유리수의 세계에서 이 세상의 모든 것들은 흩어지더라도 정량으로, 똑같은 양으로 흩어져야 합니다. 쪼개지더라도 똑같은 양으로 분해되어야 하지요. 만약 모두가 다르게 산산이 부서진다면 유리수의 언어로 표현할 수 없습니다. 모두 똑같은 양으로 산산이 부서져야만 유리수의 세계에 등장할 수 있습니다.

무리수(無理數)란 어떤 세계를 만들까?
제곱해서 2가 되는 수 $\sqrt{2}$

무리수(無理數)의 발견은 죽음을 불러왔습니다. 그리스에서 벌어진 사건입니다. 수학의 신으로 불리는 피타고라스에게 히파수스(Hippasus)라는 제자가 있었습니다. 히파수스는 피타고라스의 정리를 이용하여 한 변의 길이가 1인 정사각형의 대각선의 길이를 구하는 문제를 풀고 있었습니다. 이때 그는 대각선의 길이를 제곱해서 2가 되는 수를 발견하게 됩니다. 그런데 제곱해서 2가 되는 수는 유리수가 아니었어요. 피타고라스학파는 모든 수는 정수, 유리수로만 존재한다고 믿었습니다. 그런데 유리수가 아닌 이상한 수를 히파수스가 발견한 것입니다. 결국, 히파수스는 새로운 수의 발견 때문에 피타고라스학파에서 추방당하고 죽음에 이르렀다고 전해집니다. 궁금하지요? 도대체 히파수스가 발견한 수가 어떤 수이길래 목숨까지 잃어야 했을까요??

히파수스가 발견한 수는 제곱해서 2가 되는 수, 오늘날에는 $\sqrt{2}$ (루트 2)로 표현하는 수입니다. 제곱해서 2가 되는 수를 계산해 보면 이렇지요.

$\sqrt{2}$=1.41421356237309504880.............(무한)

$\sqrt{3}$=1.73205080............................(무한)

끝이 없이 계속되는 수입니다. 영원히 계속되는 수. 이 수는 어떤 규칙을 가지고 있지 않습니다. 반복되거나 패턴이 발견되지도 않지요. 히파수스가 발견한 새로운 수의 이름을 오늘날에는 무리수(無理數, irrational number)라고 불러요. 유리수와 달리 비율을 나타낼 수 없는 수, 즉 나눌 수 없는 수라는 의미입니다. 끝이 없는 수. 영원히 계속되는 수. 무리수를 대표하는 수로 유명한 원주율, 파이(π, pi)가 있습니다. 원주율, 파이는 원의 둘레 길이를 구할 때 사용됩니다. 파이값은 3.1415926535897932……(무한). 파이값은 영원히 끝나지 않습니다. 파이값을 쓸 때는 대략 3.14로 사용해요. 정확한 파이값을 알 수 없어요. 그러므로 원의 둘레, 원의 면적을 구할 때 사용하는 파이값은 사실 정확하

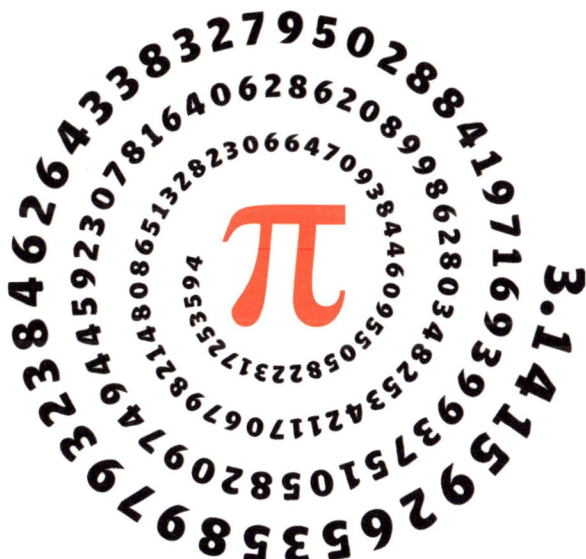

영원히 끝나지 않는 수, 파이. 계속되는 세계를 어떻게 표현할 수 있을까. 수학에서 영원히 계속되는 세계를 담당하는 언어가 바로 무리수이다.

8장 수학 언어가 만들어낸 세계들

지 않습니다. 가까운 값을 사용하는 것입니다.

무리수의 발견은 놀라운 일이었습니다. 지금까지 발견된 수는 모두 명확하고 정확하게 계산될 수 있는 수였어요. 시작과 끝이 정확한 수, 나누고 쪼갤 수 있는 수였습니다. 그런데 무리수는 괴물같이 끝나지 않는 수입니다. 파이값을 이용해서 원의 둘레와 면적을 구한다면 결코 정확히 계산할 수 없습니다. 왜냐하면, 파이값은 그 끝을 알 수 없이 계속되기 때문입니다. 단지 3.14로 비슷하게 구할 수 있을 뿐이지요. 아주 가까운 답이기는 하지만 완벽한 답은 아닙니다.

무리수의 발견은 인간 사유(생각)의 세계에 두 가지 사유법을 열어주었습니다. 하나는 무한히 계속되는 세계가 존재한다는 아이디어입니다. 끝나지 않는 세계, 끝이 존재하지 않는 세계에 대한 상상을 열어주었지요. 종말은 과연 존재하는 것일까요? 끝이란 과연 무엇일까요? 끝은 과연 완전히 끝나는 것일까요? 끝이란 혹시 계속 이어지는 것은 아닐까요? 무리수는 이런 사유를 가능하게 했습니다. 무리수가 발견되어 수학의 세계에 새롭게 생긴 것이 근사(近似)값, 근사치(近似値)라는 낱말입니다. 근사값, 근사치라는 낱말은 가까운 것, 가장 비슷한 값을 나타내는 말입니다. 또한 무한대(無限大)라는 낱말과 극한(極限)값이라는 낱말도 만들었습니다.

세계는 얼마나 넓고 다양한가
수의 종류가 의미하는 것

자연수, 정수, 유리수, 무리수 등 숫자의 세계는 인간이 사유(생각)의 힘으로 발견한 또는 발명한 세계의 종류입니다. 수학의 눈으로, 수학적 사고능력으로 기필코 찾아낸 세계의 다양한 차원이지요. 과학의 눈으로 1차원 세계, 2차원 세계, 3차원 세계, 4차원 세계 등을 발견했듯이,

수학의 눈, 사유의 힘으로 알아낸 세계의 주름이며 겹이 바로 숫자의 세계입니다. 그리고 수학의 세계에서 발견된 숫자는 수학의 언어로, 낱말로 사용됩니다.

숫자는 산수, 계산에만 사용되는 것은 아니라 일상생활 속에서도 다양하게 씁니다. 말을 할 때, 글을 쓸 때도 숫자 언어, 숫자 낱말로 표현합니다.

"온갖 방법을 써도 온몸에 퍼진 피부병을 고칠 수 없네."
"백날 가 봐야 소용없어."
"이 몸이 죽고 죽어 골백번 고쳐 죽어…"
"정말 불가사의한 일이야."
"너의 말은 애매모호하단 말이야."
"그 일은 순식간에 일어났다."
"자동차가 달려온 찰나에 사건이 일어났어."
"허공에 대고 아무리 소리를 질러봐라."
"청정한 바다에 사는 물고기들"

'온'이나 '백'은 100을 뜻하는 말입니다. '골'은 10의 16제곱을 나타내며, '불가사의'는 10의 64제곱을 나타내는 불교 용어이지요. '모호'는 소수점 아래 13자리 수를 나타내는 불교 용어이며, '순식'은 소수점 아래 16자리의 수를, '찰나'는 소수점 아래 18자리의 수를, '허공'은 소수점 아래 20자리의 수를, '청정'은 소수점 아래 21자리 수를 각각 나타냅니다.

숫자의 종류, 숫자의 크기만큼 세계는 넓고 다양합니다. 숫자의 크기가 그 사람이 상상하는 세계의 크기를 나타냅니다. 작은 세계는 어디까지 상상할 수 있을까요? 큰 세계는 어디까지 상상할 수 있을까요? 양의 세계, 공간의 세계, 시간의 세계를 어디까지 상상할 수 있을까요? 그 상상의 경계는 숫자로 표현됩니다. 공간의 넓이와 크기, 모양은 도형이나 기하학으로 상상하며 표현하지요. 그 사람이 알고 있는 세계, 상상하는 세계의 크기와 넓이는 곧 그 사람이 알고 있는 수학 언어와 비례합니다. 자연수, 정수, 유리수, 무리수 등 수의 세계는 세계의 종류, 세계의 겹에 대한 상상입니다.

수의 세계, 숫자 언어는 어떤 사유 능력을 갖게 하는가

만약 숫자가 없다면 인간은 세계의 넓이와 크기를 말할 수 없습니다. 그러므로 그 사람이 알고 있는 가장 큰 수가 곧 그 사람이 사유할 수 있는 세계의 최대 넓이입니다. 숫자를 가지고 인간이 할 수 있는 것 중의 하나가 바로 가장 거대하고 크며 많고 넓은 것을 표현하는 것입니다.

1 일, 10 십, 100 백, 1000 천, 10000 만, 10의 8승 억, 10의 12승 조, 10의 16승 경, 10의 20승 해, 10의 24승 서, 10의 28승 양, 10의 32승 구, 10의 36승 간, 10의 40승 정, 10의 44승 재, 10의 48승 극, 10의 52승 항하사, 10의 56승 아승기, 10의 60승 나유타, 10의 64승 불가사의, 10의 68승 무량대수…….

모호함에 대한 도전. 숫자, 수학은 모호함에 대한 도전이며 불확실성과 싸우는 것입니다. 애매모호함, 불확실함, 늘 유동하며 흔들거리는 세계에 대한 도전이 곧 수학적 사고의 의지이며 욕망이지요. 늘 변화하는 세계, 물결치는 세계에 대해 정지를 명령하는 사유의 충동이 숫자로 나타납니다. 붙잡을 수 없고, 정지하지 않는 세계를 숫자를 통해 잠시 사로잡는 것입니다.

수학, 숫자는 1차원의 세계에서 2D(2차원), 3D(3차원)의 세계로

우주의 크기를 어떻게 표현할까. 무한히 넓은 우주의 넓이와 크기. 자연수만으로는 표현할 수 없다. 정수, 유리수, 무리수 등 수의 종류는 인간이 발견한 다양한 세계를 표현하는 언어이다. 자신이 알고 있는 숫자의 크기가 곧 세계의 크기이다.

나가는 과정에서 변화하고 발전했습니다. 자연수와 정수는 겨우 2D(2차원)의 세계를 나타냅니다. 그리고 3D(3차원), 4D(4차원)의 세계로 나가는 과정에서 새로운 수가 발견되고 발명되었어요. 그러나 원리는 똑같습니다. 정지, 고정, 고립, 단절시켜야만 다룰 수 있고 조작할 수 있다는 원리가 숫자와 수학적 사고에 스며들어 있습니다.

컴퓨터는 0과 1이라는 이진법 언어를 사용합니다. 모든 언어와 신호를 0과 1로 고정하고 지정하지요. 그렇다면 결국 모호함은 정지와 고립, 단절로만 해결할 수 있는 것일까요? 이런 의문에도, 자연수, 정수, 유리수, 무리수 등 수의 발견으로 세상을 정렬할 수 있게 되었습니다. 숫자의 수평선 위에는 무수히 많은 숫자가 늘어섭니다. 마치 숲속에 소나무, 떡갈나무, 참나무 등 수많은 나무가 있듯이, 수의 세계에도 다양한 수의 족속들이 존재합니다.

자연수에서 정수로, 유리수로, 무리수로 수의 세계가 확장될 때마다 인간의 사유 영토도 넓어졌어요. 그리고 그 숫자들은 세계 곳곳으로 파견되어 존재하는 것들의 이름이 되었습니다. 아주 작은 것들에서부터 거대한 것까지 측정하고 계산하여 인간이 다룰 수 있는 것들로 만들었습니다.

수는 무한한 세계를 유한한 세계로 만듭니다. 숫자는 이 세계를 잴 수 있는 것, 표현 가능한 것으로 만드는 언어입니다. 유한해야만, 잴 수 있을 때만이 인간이 다룰 수 있기 때문입니다. 숫자로 표현된 순간, 그것은 인간이 조작하고 조절할 수 있는 대상이 됩니다. 어쩌면 자연은 두려워할지도 몰라요. 인간의 숫자 언어에 사로잡히는 것을. 어딘가 아직 수학 언어에 사로잡히지 않은 것들이 숨어있을 수도 있어요. 이것이 미지의 세계, 숨겨진 세계에 대한 인간 사유의 도전이자 모험이 계속되고 있는 이유입니다.

9 모든 것을 사로잡는 마법의 수학 언어, 집합

집합의 욕망은 무엇인가?

집합(集合, set)은 '모임'입니다. 수학에서 집합의 정신을 가장 잘 보여주는 낱말(기호)이 있어요. 바로 괄호(括弧)입니다. ( ), 〈 〉, { } 등 여러 가지 모양의 괄호들. 이 세상의 모든 것을 괄호 안에 넣어 버리겠다! 이것이 집합의 선언입니다. 수학에서 사용하는 괄호는 곧 이 세상에 존재하는 것들, 생각할 수 있는 모든 것들을 괄호 속에 담아서 다루고 조립하겠다는 욕망을 표현하고 있습니다. 마치 사냥꾼이 사냥감을 사로잡고 포획하는 강력한 무기처럼, 집합은 괄호를 사용하여 원소들을 사로잡습니다. 괄호는 집합의 손이자 그물입니다. 손으로 물건을 움켜쥐듯이 괄호 속에 세계를 넣고 사칙연산을 합니다.

집합에는 특이하게 공집합(空集合)이 있습니다. 공집합. 아무것도 없는 세계, 무의 세계를 표현한 것입니다. 공집합은 '{ }'으로 표현합니다. 어떠한 것도 없는 세계를 집합은 이렇게 간단히 사유하고 표현합니다. 놀

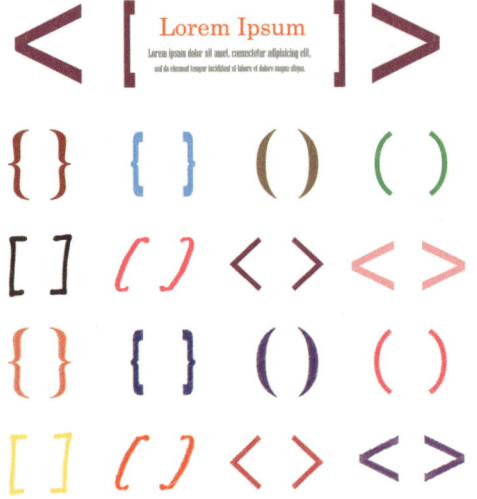

> 괄호들. 괄호의 욕망은 사로잡는 것이다. 괄호에 들어가면 빠져나올 수 없다. 집합은 괄호의 욕망이다. 세상의 그 무엇이든 사유의 괄호 속에 넣는다. 사유의 뜻대로 다룰 수 있다.

라운 표현력이지요. 무의 세계, 무한의 세계를 너무나 간단하게 괄호 하나로 표현합니다. 집합이 발명되면서 인간이 사유할 수 있는 세계는 무한대로 넓어졌습니다. 어떤 세계든 괄호만 있다면 담아낼 수 있으며 표현할 수 있고 사유할 수 있습니다.

  괄호는 동그라미, 원과 같습니다. 동그라미 속에 들어있는 것과 동그라미 밖에 있는 것. 사유할 수 있는 모든 것을 동그라미 속에 넣어서 관계를 계산하고 생각합니다. 아무리 복잡하고 많아도, 괄호와 동그라미 속에 넣으면 사유 속에서 마음대로 다룰 수 있는 사물이 되지요. 괄호와 동그라미는 수학이 사용하는 사유의 보따리, 그물이 되었습니다. 집합에서 동그라미는 벤다이어그램(Venn diagram)으로 불립니다. 19세기 영국의 논리학자 존 벤이 처음 사용해서 붙여진 이름입니다.

  독일의 수학자 칸토르(Georg Cantor)가 '집합'이라는 아이디어를 처음 세상에 내놓았을 때 사람들이 놀라워했던 것은 너무나 간단하고 너무나 혁명적인 생각이었기 때문입니다. 존재하는 모든 것, 사유 속에서 상상할 수 있는 모든 것을 담아내고 표현하고 계산할 수 있는 도구를 수학적 언어로 발명했습니다. 집합의 발견으로 그동안 수학의 세계에서 골칫거리였던 '무한'에 대한 고민은 사라졌습니다. 무한을 담아낼 수학적 언어가 만들어졌기 때문입니다. 어떤 것이든 집합이라는 수학 언어로 담아내고 이동하고 계산할 수 있게 된 것입니다.

집합, 괄호에 넣을 수 있는 것은 무엇인가?

"우리 번개 할까요?" 번개처럼 갑자기 느닷없이 만나자는 말입니다. 사람들은 플래시몹(flashmob)을 해요. 플래시몹이란 불특정 다수의 사람이 이메일과 휴대전화 문자메시지를 통해 특정한 날짜와 시간, 장소를 정한 뒤에 모인 다음, 약속된 행동을 하고 아무 일도 없었다는 듯이 흩어지는 모임이나 행위를 일컫는 말입니다.

번개, 플래시몹. 왜, 어떻게 이런 행동을 할까요? 사람들은 한날한시에 모여서 똑같은 동작을 합니다. 시간의 집합, 공간의 집합, 행위의 집합이 이루어집니다. 플래시몹은 순간의 집합을 실행합니다. 갑자기 집합, 준비되지 않은 집합이 바로 '번개'예요.

나는 오늘도 친구를 알아봅니다. 나는 오늘도 엄마를 알아보지요. 어떻게 해서 나는 친구들과 엄마를 알아보는 것일까요? 번개, 플래시몹, 친구, 엄마의 공통점은 무엇일까요? 그렇지요. 바로 공통점을 찾을 수 있는 마법적 사고능력 때문입니다. 공통점이 있어야 번개를 합니다. 공통점이 있어야 플래시몹을 하지요.

친구를 알아보는 것은 예전에 보았던 친구와 지금 보는 친구가 '같다'라는 것을 사고할 수 있기 때문입니다. 엄마를 엄마라고 알아보는

플래시몹. 똑같은 장소에서 똑같은 시간에 모여 똑같은 행동을 한다. 집합이다. 왜 이런 행동을 하는 것일까.

것은 이전에 보았던 엄마의 모습과 지금 보는 엄마의 모습이 같으므로, '공통점'을 파악할 수 있기 때문입니다. 이처럼 기억과 공통점은 우리들의 인식에 '항상성'을 가능하도록 합니다. 이것은 시간의 차이 속에서 기억을 통해 공통점, 유사성을 파악할 수 있는 사고 능력이에요.

집합적 사고란 바로 공통점 찾기입니다. 괄호에 들어가려면 공통점이나 같은 점이 있어야 하지요. 동그라미 속에 들어갈 수 있는 것의 자격은 공통점, 유사성, 통일성, 동일성이에요. 미운 오리 새끼는 괄호 안에 들어갈 수 없습니다.

수학의 세계에서 살아남을 수 있는 것은 '같은 것'들입니다. 공통점을 찾아서 괄호에 넣는 집합적 사고와 수학적 사고는 완전히 일치합니다. 이 세상에 존재하는 것들, 각각 차이점을 가지고 존재하는 것들 속에서 같은 점과 공통점을 알아내고 그것을 사고 속에서 다룰 수 있도록 하는 행위가 곧 집합의 사유법입니다.

모든 과학 법칙은 세상의 모든 현상 속에서 공통점을 찾은 결과입니다. 이 세상에 있는 다양한 현상들, 다르게 보이는 현상들, 불규칙하게 느껴지는 현상들을 분석하여 공통적인 법칙, 규칙을 찾아내는 것이 바로 과학 법칙이지요. 그래서 과학자들은 규칙이 없는 것, 불규칙한 것을 싫어합니다. 법칙이 적용되지 않는 예외적인 현상은 골칫거리입니다.

공통점을 파악하는 사고능력은 규칙, 법칙, 논리적 사고를 가능하게 하는 바탕이 됩니다. 공통점을 찾을 때 차이점은 제거됩니다. 차이점은 거추장스러운 것이 됩니다. 차이점이 공통점을 찾는 데 방해가 되지요. 그러나 차이점은 그것만이 지닌 독특함, 개성이 될 수 있습니다. 나는 다른 사람들과 공통점을 가지고 있지만, 다른 사람이 가지고 있지 않은 나만의 특성, 개성이 있어요. 이것이 다른 사람과 나의 차이점입니다.

모든 집합은
자격을 묻는다

우리는 모두 늘 어딘가에 소속되어 있어요. 사람들은 늘 어딘가에 참여합니다. 학교에 소속되어 있고, 회사에 조직원으로 살아가고, 가족 안에 있으며, 인터넷 카페와 포털 사이트에 가입합니다. 우리는 모두 어떤 '모임'에 들어있어요. 인간은 모두 어딘가에 묶여 있습니다. 인간은 '참가자'이며 '집합인'입니다. 나, 우리는 지금 어디에 가입되어 있으며, 어떤 조직에 소속되어 있을까요?

태어날 때부터 우리는 지구에 소속되어 있으며 지구인이라는 운명을 받았습니다. 태어날 때부터 가족이라는 하나의 모임에 소속되어 살아가지요. 집합의 다른 이름들은 정말 많습니다. 집단, 묶음, 세트, 소속, 조직, 가족, 함께, 단체, 미팅, 회의, 모임, 세미나, 정체성, 개념, 범주, 우리, 사회, 국가, 민족 등. 이 낱말들이 집합의 다른 이름들입니다. 이 낱말들은

숲은 나무들의 집합이다. 사회는 사람들의 집합입니다. 학교는 학생들 의 집합입니다. 언어, 낱말, 개념은 집합의 힘을 발휘하는 것이다.

모두 '어떤 공통점'으로 묶여 있습니다. 공통점이 없다면 이 낱말들은 사라집니다.

집합은 하나가 아니기 때문에 외로움이나 고독이라는 말과는 어울리지 않습니다. 집합은 독특함이나 개성과는 반대되는 것일 수도 있어요. 집합의 세계, 집합적 사고는 똑같아지기를 바라고 공통점이 있어야만 그곳에 들어갈 수 있기 때문입니다. 그러므로 집합은 자격을 묻습니다. 자격이 있어야만 어딘가에 들어갈 수 있고 가입할 수 있으며 소속될 수 있습니다.

자격은 무엇일까요? 무엇인가를 가지고 있는 것입니다. 우리가 소유하고 있는 것, 가지고 있는 것은 무엇일까요? 우리들이 이루고 있는 것, 성취한 것은 무엇일까요? 자격은 곧 그 사람이 이루어낸 것을 의미합니다. 인간이 되었을 때 '인간'이라는 집단에 들어갈 수 있습니다. 대학입

시에 합격했을 때 '대학생'이라는 집합에 소속될 수 있어요. 집합의 원소가 되기 위해서는 무엇인가를 이루어내야만 합니다. 집합의 원소들이 함께 이루어낸 것이 바로 '공통점'입니다. 집합에 들어있는 원소에는 모두 함께 공통적으로 가지고 있는, 이루어낸 것이 있습니다. 이루어낸 것이 없는 사람은 집합에 들어갈 수 없어요. 이루어낸 것이 없으면 어딘가에 들어갈 수 없으며 소속될 수 없습니다.

우리는 일정한 나이가 되면 학교에 갑니다. 초등학생이라는 집합에 들어가지요. 또 나이를 먹으면 중학교에 가요. 중학생이라는 집합에 들어갑니다. 일정한 나이가 되는 것, 이것이 집합에 들어갈 수 있는 자격입니다. 어떤 조직이든 그 집합에 들어가서 조직원, 회원이 되기 위해서는 어떤 자격을 가져야 합니다.

집합이 이루어낸 것은 무엇인가?

언어는 두 가지 원리에 의해 움직이고 활동합니다. 언어는 오직 인간의 사유와 관념, 감정과 마음만을 담고서 사람과 사람을 연결하며 활동합니다. 언어는 인간의 사유와 관념, 감정과 마음에 온몸을 다 바쳐 충성하는 헤르메스입니다. 헤르메스는 그리스 신화에 등장하는 제우스의 전령사이지요. 그는 제우스의 명령을 전달하는 역할을 해요. 전달하고 연결하며 이것과 저것을 만나게 해 주는 것들은 모두 언어가 됩니다. 헤르메스는 언어를 전달하며, 자신이 곧 언어가 되기도 합니다.

언어가 먹고사는 두 번째 양식은 바로 '공통점'입니다. 이 세상에 단 하나밖에 없는 것을 나타내는 고유명사를 제외하고, 낱말은 집단이며 집합입니다. '사과'라는 낱말은 특정한 사과를 가리키지 않습니다. 이 세상에 존재했던 사과, 지금 사과밭에 열려 있는 모든 사과, 앞으로 미래의

집합은 세계를 정리하는 것이다. 분류하여 수납한다. 인간의 사유속 에서 수학 언어로 묶고 체계적으로 괄호 속에 담는다.

사과를 모두 가리킵니다. '인간'이라는 낱말은 셀 수 없이 많은 인간을 담고 있습니다. 개념이나 낱말은 공통점을 사유할 수 있는 집합적 사고능력으로부터 만들어집니다. 인간이 가지고 있는 집합적 사고와 공통점을 찾아낼 수 있는 능력으로 언어가 만들어졌습니다.

집합적 사고, 공통점을 찾아낼 수 있는 사고능력은 또 무엇을 가능하게 했을까요? 그것은 바로 이 세계에 질서를 부여하는 것입니다. 이 세계를 정리하는 것이지요. 마치 물건이나 옷들을 수납하듯이, 이 세계에 존재하는 모든 것들에 질서를 부여하고 정리하고 체계화할 수 있도록 해 줍니다. 세계를 언어라는 집합, 개념이라는 집합에 담아서 순서를 세우고 배치하고 분류하는 것입니다.

정리의 본능, 어지럽게 널려 있는 것을 그냥 두고 보지 못하는 정리맨의 본능, 이것을 분류, 유목화, 체계화라고 합니다. 동식물의 유목화,

범주화, 분류를 나타내는 대표적인 것이 바로 '종-속-과-목-강-문-계'입니다. 스웨덴의 린네라는 사람이 만든 생물의 분류 방법입니다. 생물들을 눈으로 볼 수 있는 형태나 모양의 비슷한 특징만으로 묶어 두기 위해서 만들었지요. 지식, 언어, 사유 속에 동식물들을 담아서 서열을 매기고 줄을 세우며 정렬시켰습니다. 존재하는 것들에 이름을 붙이고 비슷한 것끼리 순서를 정해 줄을 세웠습니다.

나는 무엇들의 집합인가?

나는 무엇들의 모임일까요? 나는 무엇들의 집합일까요? 만약 내가 하나의 집합이라면, 나의 원소들은 무엇일까요? 나의 원소들의 공통점은 무엇일까요? 나의 원소들은 어떤 자격으로 나의 집합에 참여할 수 있을까요? 이 질문들의 답을 찾는 것이 집합적 사고를 작동하는 것입니다.

나의 원소들은 나의 집합, 나의 영토에 살고 있는 시민들이고 주민들이며 구성원들입니다. 만약 나와 우리가 하나의 모임, 하나의 집합이라면 우리는 모두 압축된 존재입니다. 내 몸은 하나의 그릇이며 원소들을 가두어 놓은 박스입니다. 내 몸은 하나의 감옥일 수 있으며 원소들을 붙잡아 놓은 울타리일 수도 있어요. 집합에 등장하는 벤다이어그램(동그라미)은 하나의 울타리이고 경계선이며 많은 것들이 모여있는 운동장입니다.

수많은 원소가 모여있는 나. 과연 그 원소들은 가만히 있을까요? 그 원소들을 강력하게 묶어 놓은 중력의 힘은 무엇일까요? 나를 이루고 있는 원소들은 내 몸 밖으로 나오고 싶지는 않을까요? 탈출을 시도하는 원소들, 내 몸 안에서 자유를 꿈꾸는 원소들, 독립을 갈망하는 원소들이 있지 않을까요?

이 세상에 존재하는 것들은 모두 집합입니다. 사물들, 생물들, 자연물들, 도구들 모두 어떤 것들이 모여서, 집합해서 이루어집니다. 책은 낱말들이 우글우글 모여있는 공간의 집합체입니다. 들리지 않나요? 책 속의 낱말들이 구시렁거리는 소리가. 철저히 줄지어서, 똑바로 누워있어야 하는 낱말들의 운명. 한 권의 책에는 수만 개의 낱말이 줄 맞추어 서 있습니다. 낱말들의 집합소이지요.

사물들이 원소들의 집합이라면, 모든 집합은 폭탄입니다. 압축된 폭탄이지요. 고체에는 강력한 힘으로 원소들이 결합하여 있습니다. 사과는 하나의 폭탄입니다. 책도 폭탄이지요. 터지기를 기다리는 폭탄입니다. 그러므로 책을 읽는다는 것은 책의 집합에서 폭탄을 터뜨리는 것입니다. 책 속에 숨죽이며 터지기를 기다리는 낱말들, 생각의 원소들을 책 밖으로 탈출시키며 터트리고 자유를 찾게 하는 것입니다. 책을 읽는다는 것은 책 속에 가두어져 있던 낱말과 생각들이 나에게도 옮겨 오는 것입니다.

집합은 존재하는 것들의 본능입니다. 모여야만 무엇인가를 이룰 수 있기 때문입니다. 집합의 힘은 모일 수 있는 것들의 자격, 즉 공통점이 무엇인가를 묻습니다. 집합의 해체, 집합으로부터의 탈출, 개성과 개인의 탄생은 어떻게 이루어질 수 있을까요? 나는 무엇들의 집합일까요? 이 질문은 이렇게 바뀔 수 있어요. 나는 무엇을 이루었을까요? 독특한 나는, 나의 개성은, 나의 원소들을 업그레이드시키는 방법은 무엇일까요? 나에게 소속된 원소들 중 꿈틀거리며, 반항하며, 나의 모습 밖으로, 나의 세상 밖으로 탈출을 꿈꾸는 것들은 무엇일까요? 집합적 사유는 이러한 질문을 하게 합니다.

10 미래를 예언할 수 있는 수학 언어, 함수

함수는 상자로 만들어진 수학 언어이다

함수(函數). 함(函)은 상자를 말합니다. 옛날 전통혼례에는 결혼하기 전에 신랑 측 친구들이 큰 상자를 둘러메고 함을 팔러 신부집에 오는 함팔이 행사가 있었어요. 함 속에는 혼인문서와 신부가 입을 옷감 등이 들어있습니다. 이때 함은 상자라는 뜻입니다. 그렇다면 함수는 상자에 담긴 수라는 뜻일까요?

네모난 상자. 수학에서 함수라고 말하는 이 상자에는 들어가는 구멍과 나오는 구멍이 뚫려 있습니다. 무엇인가를 구멍에 넣으면 상자에 들어갔다가 나오는 구멍으로 다른 것이 되어 나오지요. 이 상자는 요술상자입니다. A를 넣으면 B가 되어 나오는 마술상자. 그러고 보니 자동판매기가 꼭 마술상자처럼 생겼네요. 커피자판기도 네모난 상자입니다. 돈을 넣고 버튼을 누르면 상자 속에서 마술을 부려 커피가 나옵니다.

자동판매기는 요술 상자이다. 버튼을 누르면 음료수가 나온다. 상자 속에 방정식이 담겨있다. 원인이 되는 버튼을 누르면 음료수라는 결과가 나오는 상자. 이것을 수학 언어로 표현한 것이 바로 함수(函數)이다.

　　무엇인가를 넣거나 입력하면 상자 속에 담긴 어떤 장치가 작동해서 무엇인가 나오는, 출력되는 것. 이것을 수학으로 이야기하면, 어떤 수를 상자처럼 생긴 식에 넣으면(대입하면) 줄줄줄 답이 나오는 방정식입니다. 이 식을 함수라고 부릅니다. 함수의 영어식 이름은 'function'입니다. 이것은 기능, 장치, 역할 등을 의미해요. 1698년, 독일의 라이프니츠가 함수를 발명했습니다. 함수를 나타내는 방정식들을 살펴볼까요?

　　　　$y=f(x)$: 원인 x가 기능 f에 의해 결과 y가 된다는 것을
　　　　　　　　나타내는 방정식
　　　　$f(x)=y$: x에 어떤 조작이나 기능 f를 가해서 변화의
　　　　　　　　결과로서 존재 y가 생기는 방정식

여기서 함, 즉 상자라고 말하는 것이 기능 f예요. f라는 기능에 원인 x를 넣으면 결과 y가 나온다는 것이지요. 돈을 넣거나 재료를 넣어 주면 기계가 작동하여 커피가 나오는 자판기처럼요. 인형을 토해내는 자동판매기는 왜 인형을 밀어내는 것일까요? 자동판매기에 돈을 넣는 것이 X이고 기계 안에서 작용이 일어나는 것이 기능 f입니다. 기능이 작동해서 인형이 나오는 것이 결과 y가 됩니다.

함수의 사고력은 무엇인가

도대체 함수는 어떤 사고능력, 사유법을 담고 있을까요? 함수와 가장 친한 낱말은 '예측'입니다. '예측한다'라는 것은 미래를 미리 안다는 것이지요. 아직 오지 않는 미래에 어떤 일이 생길지 미리 알 수 있다는 것. 이것은 분명 흥분되고 기대되는 일입니다. 미래를 미리 안다는 것이 가능할까요?

전쟁에서 포탄을 쏘면 어디에 떨어질까요? 포탄이 떨어지는 지점을 예측하는 것이 곧 포탄의 미래를 알아내는 것입니다. 하늘을 줄지어 날아가는 저 새들은 내일 어느 곳에 도착할까요? 한국의 인구는 10년 뒤에 얼마나 될까요? 인공위성을 쏘아 올린다면 10일 뒤에 어느 곳에 있을까요?

과연 수학은 이러한 질문에 대한 답을 알아낼 수 있을까요? 수학은 회심의 미소를 지었습니다. 함수라는 장치, 함수라는 사유법을 발견함으로써 수학은 미래를 정복하게 되었지요. 그래서 함수를 '미래예측학'이라고 말하기도 합니다.

수학이 미래를 정복하고자 하는 욕망에서 만들어낸 사유법이 곧 '함수'라는 장치입니다. 마치 하나의 기계처럼 함수는 과거와 현재가 아

포탄을 쏘면 어디에 떨어질까. 포탄이 떨어질 곳을 예상하지 못하고 쏜다면 헛일이다. 떨어질 곳을 미리 예측해야 한다. 계산해야 한다. 이것이 바로 함수적 사고이다.

니라 미래에, 나중에 일어날 사건과 현상을 미리 알 수 있는 사유의 능력을 열어주었습니다. 수학적 함수의 탄생은 세계를, 사람들을 흥분시켰습니다. 미래를 예측할 수 있다는 것은 곧 미래를 만들어낼 수도 있었기 때문입니다. 오직 신만이 알 수 있었던 미래를 미리 알고, 더 나아가 미래의 결과를 만들어낼 수 있는 것이 '함수'라는 사유법으로 가능해졌기 때문입니다.

함수를 탄생시킨 질문들, 의문들

앞으로 일어날 사건과 결과를 정확히 계산하여 알 수 있는 수학의 방정식. 이것이 함수입니다. 어떻게 함수는 미래의 비밀을 알 수 있을까요? 아이러니하게도 함수의 미래는 과거로부터 나왔습니다. 오직 신의 영역이라고 여겨졌던 미래. 아직 판도라의 상자를 열지 않았던 미래는 과거에 자신의 비밀을 숨겨 놓았습니다. 과거란 먼저 온 미래였지요. 과거는 지나간 미래였던 것입니다.

현재 존재하는 모든 것은 '결과'들입니다. 사물들이든 자연이든 사건과 현상이든, 현재 나타나 있는 모든 것들은 '결과'입니다. 현재 존재하는 모든 것들은 과거를 가지고 있습니다. 지금 순간에 짠하고 나타난 것은 없습니다. 무엇이든 지금 존재하는 것들은 언젠가 시작과 원인이 있었으며 시간이 흘러 지금의 결과에 이르렀습니다. 한마디로 말하면 원인이 있었기 때문에 결과가 만들어진 것입니다. 원인이 작용하여 결과가 만들어졌습니다. 원인이 시간이라는 상자를 거쳐서 결과가 나왔습니다. 여기서 어떤 아이디어가 번쩍하고 떠오르네요! 원인을 알면 결과를 알 수 있지 않을까요? 상상력이 한 발 더 나갑니다. 만약 원인을 다르게 한다면 결과도 달라지지 않을까요? 이 상상이 바로 함수의 시작이었습니다.

과학자들이나 학자들은 결과를 분석하고 관찰하여 그 결과를 만들어낸 원인을 찾고자 합니다. 왜일까요? 원인을 찾아내면 현재의 결과가 어떻게 만들어졌는가를 알 수 있기 때문입니다. 물론 원인이 바로 결과로 되지는 않습니다. 원인이 있고 그 원인에 어떤 기능이 작용해서 결과가 만들어집니다. 원인과 결과 사이에 원인을 결과로 만드는 어떤 과정, 어떤 기능이 있습니다.

과거가 현재의 원인입니다. 현재가 결과이며 과거가 원인의 시작입니다. 과거와 현재 사이에 시간 등 어떤 기능이 있습니다. 그렇다면 현재는 미래의 원인이 될 수 있겠지요. 현재는 미래의 과거이니까요. 현재는 과거의 미래였지요. 현재가 미래의 과거라면, 그렇다면 현재를 어떻게 하느냐에 따라 미래를 알 수 있을 것입니다. 이 아이디어가 함수를 탄생시켰습니다.

인간이 만든 물건들. 이것들은 모두 '결과'들이다. 머릿속에서 먼저 계획하고 상상했다. 결과들을 분석하면 원인을 알 수 있다. 원인을 달리하면 결과도 달라질 것이다. 함수적 사고는 원인과 결과의 관계를 다루는 것이다.

    나는 현재 존재합니다. 그러므로 나는 결과이지요. 이 세상에 있는 것들은 모두 결과입니다. 결과는 원인이 있으므로 생겼습니다. 나의 원인은 무엇일까요? 나의 원인이 달라졌다면, 나는 전혀 다른 존재가 되어 있을 것입니다. 그러므로 원인은 시작이자 처음입니다. 원인이 변화하면 결과도 달라집니다. 원인은 변수(변화하는 수)이고 결과는 상수(정해져 있는 수)입니다. 원인은 독립적이며 결과는 종속적이지요.

    자판기라는 상자가 있어요. 커피 버튼을 누르면 자판기 상자가 기능을 발휘해서 커피를 나옵니다. 커피 버튼이 원인이고 커피가 결과입니다. 버튼의 종류는 여러 가지입니다. 커피 버튼, 녹차 버튼 등 어떤 버튼을 누르냐는 변수입니다. 녹차 버튼을 누르면 반드시 녹차가 나오지요. 그래서 결과는 늘 상수입니다. 수학의 함수에서 자판기의 버튼들이 바로 변수 x들이고, 자판기 기계는 기능 f이며, 자판기에서 나오는 커피, 녹차가 상수 y입니다.

미래를 알 수 있는 비밀을 훔치다

미래를 나타내는 다른 낱말은 곧 '변화'입니다. 어제와 오늘, 내일은 곧 시간의 변화를 말하지요. 변화란 움직이는 것, 운동한다는 것을 의미합니다. 어떻게 변화하며 어떻게 운동할까요? 이것이 미래를 예측하는 질문입니다.

원인과 결과의 관계는 변화와 운동에 대해 사유하는 길을 열어줍니다. 원인과 결과는 똑같지 않습니다. 원인과 결과는 다른 것이지요. 나의 원인은 부모님이지만 부모님과 나는 똑같지 않아요. 그러므로 원인과 결과를 사유한다는 것은 결국 변화와 운동에 대해 사고한다는 말입니다. 원인에 따라 결과가 달라진다는 사유는 원인과 결과의 관계에 대해 생각하는 것입니다. 원인들의 모임이 있고 결과들의 모임이 있습니다.

원인과 결과, 변수와 상수라는 것은 어떤 세계를 열어줄까요? 원인과 결과에 대한 이론을 인과론(因果論)이라고 합니다. '원인을 알면 결과를 알 수 있다'라는 사유법은 미래를 예측하고 미리 알 수 있는 길을 열어줍니다. 지금 내가 원인을 만들어내면, 지금 내가 원인으로 작용하면, 어떤 결과가 생길지 미리 알 수 있기 때문입니다. 그래서 철학자들이나 과학자들은 원인에 집착합니다. 원인에 대해 파고들지요. 원인을 찾고 그리워하며 결과보다 원인을 더욱 찬양합니다. 원인이 결과를 만들어냈다고 생각하기 때문입니다. 심지어 원인을 '신'이라고 주장하기도 합니다. 원인의 다른 말은 처음, 시작, 출발, 근원, 본질, 모나드, 신 등입니다. 결과의 다른 말은 끝, 완료, 종료, 성취, 이룸, 도착, 마침, 성공, 완성 등입니다.

함수의 욕망은 무엇인가?

움직이는 것들에는 어떤 작용이 숨겨져 있습니다. 이동하는 것, 움직이는 것, 달라지는 것, 운동하는 것들은 현재를 거부하고 결과에 만족하지 않으며 다른 것을 향해 나아갑니다.

1492년 콜럼버스는 유럽인들의 꿈을 안고 대항해를 시작합니다. 15세기부터 18세기 중반까지 유럽의 배들이 세계를 돌아다니며 항로를 개척하고 탐험하며 돌아다녔던 시기를 유럽인들은 대항해시대, 대탐험의 시대, 대발견의 시대라고 자랑합니다. 움직이고자 하는 사람은 예측할 수 있어야 합니다. 변화하고자 하는 사람은 어떤 결과가 나올지에 대해 예측할 수 있어야 합니다. 이동하고 변화하고 운동하고자 하는 사람은 원인을 움켜쥐고, 현재가 원인이 되어 어떤 결과가 나올지에 대해 확신이 있어야 합니다. 출발하는 사람들은 언제 어디에 도착할지 미리 알 수 있어야 과감하게 떠날 수 있습니다.

지구가 둥글다는 확신이 먼 바다를 항해하게 합니다. 만약 지구가 네모나게 생겼다고 생각한다면 결코 먼 바다를 향해 나아갈 수 없습니다. 지구가 사각형이라면 먼바다에 나가면 추락할 테니까요. 저곳에 대한 예측, 아직 오지 않은 시간에 대한 예측이 가능하지 않으면 대항해를 시작할 수 없습니다. 콜럼버스 시대에 가장 필요했던 것은 공간 이동에 대한 예측, 시간 이동에 대한 예측능력이었습니다. 콜럼버스의 욕망, 콜럼버스의 사고력에 바로 함수의 사유가 담겨있습니다. 언어에서 움직임과 변화, 이동을 담당하는 품사는 동사(動詞)입니다. 함수, 결과에 대한 예측, 즉 미래에 대해 미리 알아내고자 하는 욕망은 동사의 욕망입니다. 늘 고립되어 있고 움직이지 않으며 자신의 현재만을 고집하는 명사(名詞)는 함수를 꿈꾸지 못합니다. 움직이고 변화하고 이동하고자 들떠 있는 동사의

어디로 갈지 선택해야 한다. 시작, 원인, 선택에 따라 결과는 달라질 것이다. 원인과 시작을 다룰 수 있다면 결과 또한 미리 알 수 있을 것이다. 선택에 따라 정확한 결과를 만들어내는 장치, 수학 언어가 함수이다.

욕망이 함수를 꿈꾸게 합니다. 미래에 대한 동경, 이루어지지 않은 세계에 대한 그리움이야말로 함수가 손짓하는 유혹입니다.

    함수의 사유법은 원인과 결과의 사유법이며, 운동과 변화에 대한 사유법입니다. 함수는, 내가 지금 하나의 원인이 될 수 있다면 그것은 어떤 결과를 만들어낼 수 있는가에 대한 상상을 가능하게 합니다. 함수적 사고는 주어진 세계, 이미 굳어진 세계, 결정이 난 세계, 운명적 세계, 움직이지 않고 정지된 세계를 거부합니다. 받아 들여야만 하고 굴복해야만 하는 세계, 따라야만 하고 적응하고 순응해야만 하는 세계를 함수적 사고가 깨뜨렸습니다.

    움직이는 것. 이동하는 그곳에 길이 있습니다. 움직이는 것들이 다니는 길입니다. 포탄은 하늘을 날아서 어디에 떨어질까요? 날아다니는 것은 하늘길을 이동합니다. 공간 이동을 합니다. 움직이고 이동하는 경로를 길이라고 합니다. 땅길, 하늘길, 바닷길, 그리고 전기가 다니는 전파길, 사람들의 생각이 다니는 언어길 등 다양한 길들이 있습니다. 이 길에서 사람이 움직이고 이동합니다. 생각, 전기, 비행기, 자동차, 배 등이 이동하고 움직입니다. 내비게이션(navigation)이 미리 어디로 가야 할지 알려 주지요. 내비게이션은 함수를 실행하고 있는 장치입니다. 내비게이션은 가야 할 길을 미리 알고 있고, 언제 어디에 도착하는지를 예언하는 마법의 기계입니다. 이것이 함수가 발휘하는 능력입니다. 지금 모든 길에는 내비게이션이 활동하고 있습니다.

관계의 비밀을
알려 주는 함수

우리는 "그 사람과 너는 도대체 어떤 함수관계냐?"라는 말을 합니다. "날씨와 스포츠의 함수관계"라는 표현을 쓰기도 하지요. 이때 함수는 관계를 묻습니다. 서로 어떤 영향을 주고받는 관계이냐 하는 뜻으로 함수라는 낱말을 씁니다.

함수는 관계를 묻는, 관계의 비밀을 푸는 사유방법입니다. 원인과 결과가 대표적인 관계입니다. 주인과 노예의 관계, 생산자와 소비자의 관계, 학생과 교사의 관계, 부모와 자식의 관계, 선배와 후배의 관계, 상관과 부하의 관계, 남자와 여자의 관계 등 서로 영향을 주고받는 관계에는 함수적 사고가 작용합니다. 수많은 관계에 어떤 비밀이 담겨있는가를 묻고 알아내는 것, 이것이 함수적 사유의 힘입니다.

방정식과 함수에는 어떤 차이가 있을까요? 방정식이 x라고 표현되는 미지수, 알지 못하는 것을 알고자 하는 사유법이라면, 함수에서는 x가 미지수가 아니라 이미 알고 있는 원인입니다. 방정식에서 x는 미지수이고, 함수에서 x는 변수입니다.

$$f(x)=y$$

x는 변수이며 원인이고 y는 결과입니다. f는 기능이고요. 나의 원인은 부모님이지요. 나는 y이며 부모님은 x입니다. f는 기능인데, 나를 태어나게 한 작용과 기능은 바로 부모님의 결혼입니다. f는 곧 결혼입니다. 부모님이 결혼이라는 관계를 맺지 않았다면 나는 태어나지 않았습니다. 그러므로 결혼은 하나의 장치이며 관계 맺는 방식이고 사회적 제도입니다. 결혼이라는 함수 상자를 거쳐서 내가 태어났습니다. 함수에서 원인의 모임인 x를 정의역(定義域)이라고 하고, x에 따라 달라지는 결과의 모임인 y를 공변역(共變域)이라고 합니다.

지구를 거대한 생산공장으로 만든 함수

함수의 사유법은 인간이 무엇인가를 만들고 변화시킬 수 있는 능력을 갖게 했습니다. 자연에 적응하며 순응하는 삶에서 자연을 변화시키고, 인간의 생각과 노동으로 자연에 없는 것을 새롭게 만들 수 있는 창조적 능력을 갖게 되었습니다. 인간이 만들어낸 상품들, 물건들은 모두 자연을 변화시킨 것들입니다. 땅속에 묻혀있던 기름을 뽑아내 에너지로 변화시킵니다. 나무들을 베어서 가구로 변화시킵니다. 변화시키는 것은 곧 새로운 것을 만들어내는 것입니다. 모든 생산과정과 생산물이 변화의 결과입니다. 함수는 인간을 자연을 변화시켜 새로운 것을 만들어내는 힘을 주었습니다. 지구는 거대한 생산공장이 되었습니다. 지금 지구는 생산물로, 상품으로 넘쳐납니다.

나비효과. 아주 작은, 사소한 움직임(작용)이 거대한 사건과 사태를 만들어낸다. 그것과 이것은 어떤 함수적 관계가 있는가. 수많은 현상과 사건들 사이에 어떤 관계의 비밀이 담겨있는가. 함수적 질문과 의문들.

    인간이 만들어낸 모든 기계에는 함수의 사유가 들어있습니다. 기계들은 오차 없이, 불량 없이 쉬지도 않고 상품들을 쏟아냅니다. 시작 버튼을 누르면 기계가 움직입니다. 운동을 시작하지요. 입력이 있고 출력이 있습니다. 기계들은 자신의 기능을 발휘하여 무엇인가를 만들어냅니다. 무엇을 입력하느냐에 따라 다른 결과를 생산하지요. 프로그램을 만드는 사람들은 함수적 사고를 터득해야 해요. 컴퓨터 프로그램을 만드는 사람들은 컴퓨터 언어로 함수를 만들어냅니다.

    '나비효과'라는 말이 있습니다. 중국의 천안문 광장에서 작은 나비 한 마리가 날갯짓합니다. 그 나비의 날갯짓이 일으키는 바람이, 그 미세한 바람의 출렁거림이 바람과 바람으로 연결되어 마침내 미국에서 거대한 태풍 허리케인이 된다는 것. 아주 미세하고 사소한 원인이 연결되고 쌓이고 쌓여서 마침내 거대한 사건이 된다는 것. 이것이 나비효과의 의미입니다. 모든 관계, 모든 변화에는 함수가 작동됩니다. 하늘을 나는 모든 것, 비행기와 인공위성, 꿈의 속도로 내달리는 인터넷 온라인이 세계를 변화시키고 있습니다. 세계의 변화에 함수적 사고가 활동하고 있습니다.

휴대전화의 버튼을 누르면 전파가 하늘을 날아갑니다. 전파는 빛의 속도로 누군가를 향해 날아가지요. 아무것도 전파의 돌진을 막지 못합니다. 버튼을 누르는 나의 명령에 따라 전파는 지구에서 가장 빠른 속도로 그(그녀)를 향해 날아갑니다. 전파는 나의 목소리와 영상을 담고서 그에게 도착하지요. 어느덧 나는 그에게 영향을 미치는 x가 됩니다. 나의 말이 그에게 전달되어 그의 마음이나 생각에 영향을 미칩니다. 휴대전화는 함수가 작동하는 하나의 장치입니다.

함수적 관계, 함수적 사고, 함수적 언어의 세계는 관계의 비밀을 푸는, 그리고 관계의 빛깔을 표현하는 수학 언어입니다. 내가 만들어내는 변수는 무엇일까요? 내가 맺고 있는 수많은 관계의 연결 때문에 나는 어떤 상수를, 결과를 만들어내고 있을까요? 나와 맺고 있는 수많은 관계들에 작용하고 있는 기능들은 과연 무엇일까요? 나와 친구의 관계에서 작동하고 있는 기능, 그것은 우정일까요, 아니면 또 다른 무엇일까요? 이런 함수적 질문을 통해서 우리는 또 다른 빛깔의 관계들을 만들어나갈 것입니다.

11 숲을 미분하면 나무가 보인다
영원함을 정복한 미분적분

시간을 미분하면 무엇이 나타날까?
순간의 정체를 밝혀라

카메라는 참으로 신기한 도구입니다. 찰칵! 카메라가 찍는 것은 늘 '순간'입니다. 1초도 안 되는 순간을 찍습니다. 카메라는 '순간'을 '정지'시킵니다. 흘러가는 시간, 변화하고 움직이는 동작을 찰칵하고 마치 칼로 잘라내듯이 찰나와 같은 순간을 고정하고 정지시켜 필름에 담습니다. 순간의 장면을 사로잡습니다. 1초에 한 장씩 10장의 사진을 찍었어요. 10초라는 시간을 1초씩 잘게 쪼개어 정지시킨 것입니다.

시간을 잘게 쪼개는 것은 카메라만 하는 것이 아니라 시계도 합니다. 1분을 60초로 쪼개지요. 능력 있는 시계는 1초도 아주 정확하게 100개, 1000개의 조각으로 나눌 수 있습니다. 이렇게 시간을 정확히 쪼개는 것을 수학 언어로 '미분(微分, differential)'이라고 합니다.

미분(微分)이란 미(微)와 분(分)이 합쳐진 말입니다. 미(微)는 미세하다, 너무너무 작다, 눈에 보이지 않을 정도로 미미하다 등의 의미입

순간을 연속촬영했다. 시간을 쪼개는 것. 그것은 순간이다. 시간을 미분한 것이다. 사진은 순간을 찍는다. 사진기는 미분 기계이다. '찰칵'하는 카메라의 소리가 바로 미분의 소리이다.

니다. 분(分)은 나눈다, 쪼갠다, 분해하다, 분석하다 등의 의미로 쓰이지요. 미분(微分)은 아주아주 작은 것으로 나누고 쪼갠다는 뜻입니다.

선(線, line)을 아주 작은 것으로 쪼개면 점이 됩니다. 직선, 곡선 등 선은 점들의 모임입니다. 점의 집합이 곧 선입니다. 선을 쪼개어 점을 찾는 것이 곧 미분하는 것입니다.

곡선은 직선의 모임입니다. 곡선도 선이므로 점의 모임입니다. 현미경으로 자세히 보면 아주 짧은 직선들이 보입니다. 짧은 직선들이 어느 순간 기울기가 달라지면서 곡선이 됩니다. 곡선을 미분하면 직선이 나타나겠지요. 기울기를 가진 직선이 나타납니다.

점이 쌓이면 선이 됩니다. 점을 모아서 선을 만드는 것, 이것이 곧 적분(積分)입니다. 적분(積分)의 '적(積)'은 쌓는다는 의미입니다. 물건을 적재하다, 쌓다, 누적시키다, 합치다 등의 의미로 쓰입니다. 적분은 나누고 쪼개는 것을 모으는 것입니다. 시간을 초로 쪼개고 그 초들을 쌓아서 1시간, 2시간 등으로 쌓는 것이 곧 적분이지요. 미분해서, 즉 쪼개고 나누어서 그것들을 모으고 쌓으면 적분이 됩니다.

카메라는 순간을 찍습니다. 카메라는 미분 기계입니다. 순간을 잘 라내어 '정지'시킵니다. 순간을 움직이지 못하도록 고정하는 것입니다. 카메라는 왜 순간을 정지시킬까요? 시간이 계속 흘러가기 때문입니다. 시간이 흘러가고 공간과 풍경이 계속 변화하기 때문입니다. 미분법은 변화하고 움직이는 한순간을 정지, 고정해서 운동의 정체를 밝히는 사유법입니다.

그림은 모두 정지해 있는 장면입니다. 어느 한순간을 그린 것이지요. 그림 속의 사람들, 풍경들은 움직이지 않습니다. 정지화면이에요. 마치 카메라로 찍은 사진처럼 화가들은 정지된 장면을 수천수만 번의 붓질로 그립니다. 그림은 순간순간이 쌓인, 수만 번의 붓질이 쌓인 적분의 산물입니다.

카메라가 순간을 쪼개어 정지시키는 미분 기계라면, 영화는 적분 기계입니다. 미분 기계로 찍은 장면은 움직이지 않고 꼼짝없이 정지되어 있습니다. 반대로 영화, 비디오, 동영상, 애니메이션은 움직이는 장면을 보여줍니다. 그림과 화면에서 연속 동작으로 사람들이 움직이며 바람결에 흔들리는 깃발이 보입니다. 움직이는 그림은 과연 무엇일까요? 어떻게 움직이는 그림을 그릴 수 있게 되었을까요?

영화는 미분과 적분으로 만들어집니다. 카메라가 찰칵찰칵 순간순간을 찍습니다. 배우들이 연기하는 장면을 카메라가 순간순간 정지화면으로 찍습니다. 카메라가 배우들의 연기 장면을 미분하며 찍고 있어요. 순간순간 정지 장면으로 찍힌 사진은 필름이 됩니다. 만화영화, 애니메이션은 동작 하나하나를 그림으로 그립니다. 한 편의 만화영화를 위해 수만 장의 그림을 그립니다. 이렇게 미분한 정지 장면이 찍힌 필름으로 영화가 만들어집니다. 어떻게 정지된 그림, 장면이 영화관 화면에서 자연스러운 움직임으로, 연속 동작으로 보이는 것일까요? 카메라는 정지된 장면을 찍

영화는 움직이는 장면을 보여준다. 순간순간이 찍힌 사진. 카메라로 시간과 동작을 미분하여 찍은 필름을 적분한다. 영화는 적분하여 움직이는 동작을 보여준다.

었는데, 화면에서는 아주 자연스러운 동작으로, 움직이는 모습으로 보이는 비밀은 무엇일까요.

　　화면 속의 움직이는 모습은 정지된 모습을 찍은 필름을 적분함으로써 이루어집니다. 정지된 장면의 사진이나 필름을 1초에 18장 또는 24장으로 빠르게 돌립니다. 1초에 24장의 정지화면이 돌아가면 마치 움직이는 것처럼 보입니다. 영화, 비디오, 애니메이션 등에서 한장 한장 정지된 장면을 프레임(frame)이라고 해요. 영화가 상영될 때 각각의 프레임은 스크린에 1초에 24장씩 아주 짧은 순간 비치고, 이때 우리 눈의 잔상 효과 때문에 영상이 움직이는 것처럼 보입니다. 영화를 볼 때 보통 1초에 25~30프레임 이상이 필요합니다. 만약 1초에 10장만 보여준다면 화면 속의 동작이 뚝뚝 끊어지는 것처럼 보이고, 반대로 1초에 60장 이상 보여주면 아주 느리고 부드러운 연속 동작으로 보입니다.

미분적분이란 어떤 사유법인가?

　　미국 메이저리그의 야구선수 류현진이 마운드에서 공을 힘차게 던집니다. 공이 너무 빨라 타자가 헛스윙하네요. "빠릅니다! 지금 류현진 선수가 던진 공은 시속 150km였습니다." 중계하던 아나운서가 외칩니다.

아나운서는 어떻게 빠르게 날아가는 공의 속도를 알 수 있을까요? 신기한 일이지요. 고속도로에서 자동차가 속도위반을 하면 단속 카메라에 찍혀서 벌금을 내지요. 빠른 속도로 달려가는 자동차의 속도를 어떻게 알 수 있을까요? 이런 속도의 비밀을 알아내는 방법이 수학에서 발견한 미분(微分)의 사유법입니다.

물체의 속도를 어떻게 알 수 있을까요? 이동하는 거리와 이동하는 데 걸린 시간을 알면 속도를 구할 수 있습니다. 자동차로 두 시간 걸려 $100km$를 이동한다면 속도는 시속 $50km$입니다. 이 속도는 $100km$ 이동하는 동안의 '평균속도'입니다. 자동차는 속도가 0에서 출발하여 서서히 속도를 올리다가 일정한 속도로 달리기도 하고 도중에 속도가 떨어지기도 합니다. 처음부터 끝까지 시속 $50km$로 달리지 않습니다. 달리는 도중 '특정 순간'의 속도를 어떻게 알 수 있을까요? 특정 순간은 정지이며 멈춤입니다. 특정 순간은 이동한 거리가 없습니다. 특정 순간은 이동한 거리가 없는 정지의 순간입니다. 속도가 0인 것입니다. 그래서 특정 순간과 가장 가까운 순간, 움직이고 있는 순간을 찾아낸다면 그 지점은 속도가 0이 아닐 것입니다. 어떻게 이것이 가능할까요? 거리를 한없이 쪼갭니다. 0은

야구공이 멈췄다. 시속 150km의 속도로 날아가는 야구공을 순간 정지시킨다. 미분한 장면이다. 이것을 어떻게 표현할까. 수학 언어는 미분으로 순간을 포착한다.

아니지만 가장 0과 가까운 곳을 찾아낸다면 특정 순간의 속도를 알아낼 수 있을 것입니다. 속도를 미분하면 특정 순간의 속도를 알 수 있습니다. 미분이란 특정 순간의 변화 힘을 찾아내는 사유법입니다.

"천릿길도 한 걸음부터"라는 말이 있습니다. 한 걸음 한 걸음이 모여서 결국 천릿길이 된다는 의미로 쓰이기도 하고, 무엇이든 한꺼번에 이루어지지 않고 하나씩 양이 늘어나고 쌓여야만 전체가 이루어진다는 뜻이기도 합니다. 하루하루가 모여서 1년이 되고 1년이 모여서 한 사람의 인생이 되지요. 하루하루를 살펴보는 것은 미분하는 것이며, 그 사람의 인생 전체를 바라보는 것은 적분하는 것이에요. 인생을, 삶을 미분하면 1년이 나타납니다. 한 번 더 미분하면 그 1년 중 하루가 나타나겠지요. 또 한 번 미분하면 하루 중 한 시간이 나타날 것입니다.

시간이 1초, 2초, 3초 등 초들의 모임이듯이, 영원함과 무한은 순간들의 모임입니다. 그렇다면 순간을 알아내면, 순간을 포착하면 영원함과 무한을 알 수 있지 않을까요? 하나의 건물은 벽돌 한 장으로 시작됩니다. 벽돌 한장 한장이 모여서 거대한 건물이 완성됩니다. 벽돌 한 장을 알 수 있다면 건물 전체에 대한 그림을 그려볼 수 있을 것입니다.

선은 점으로 이루어져 있고, 면은 선들의 모임으로 이루어져 있습니다. 공간과 입체는 곧 면이 쌓인 것이에요. 선을 미분하면 점이 나오고 면을 미분하면 선이 나오고 입체적 공간을 미분하면 면이 나와요. 반대로 점을 적분하면 선이 만들어지고 선들을 적분하면 면이 탄생하고 면을 적분하면 공간이 생기지요.

아무리 긴 선이라도 그 선을 구성하고 있는 점의 크기를 알아낸다면, 그 선의 길이를 알아낼 수 있어요. 아무리 넓고 큰 면적이라도 그 면적을 이루고 있는 선을 알아낸다면, 면적의 넓이를 계산할 수 있습니다. 우주처럼 크고 넓은 공간이라 할지라도 그 공간을 이루고 있는 면을 알아낸다면 공간의 부피를 계산할 수 있지요. 이제 그 끝을 알 수 없는 우주에 대해서 계산하고 측량할 수 있는 길이 열렸어요. 연속되어 움직이는 것, 영원한 것처럼 보이는 것, 계속 변화하는 것의 정체를 밝히는 것이 뉴턴과 라이프니츠가 발명, 발견한 미분법입니다.

미분적분하면
무엇이 발견되는가?

물리학자들은 물질을 구성하는 가장 작은 것을 알아내기 위해 많은 노력을 합니다. 물질을 이루는 가장 작은 것을 추적해서 원소, 전자, 양자, 쿼크, 힉스 등을 발견했습니다. 더욱더 작은 미립자와 소립자를 찾기 위해 지금도 입자가속기를 만들어 연구하고 있습니다. 물질을 미분하여 가장 작은 소립자를 추적하고 알아내기 위한 것이지요. 가장 작은 미립자들을 찾아내면 물질이 만들어지는 원리를 알 수 있기 때문입니다. 그 입자들이 적분 되어 물질을 이룬다고 상상합니다.

생물학자들은 생물의 최소 단위로 세포를 이야기합니다. 세포 안에도 여러 가지가 존재하지만, 생물이나 생명체를 이루기 위해서는 세포가 있어야만 가능합니다. 생물을 미분하여 세포라는 것을 찾아냈습니다. 세포들이 적분 되어 하나의 생물을 이룬다고 생각합니다.

화학자들은 물질의 특성을 이루는 최소 단위로 분자를 발견했습니다. 물질을 화학적으로 미분하면 분자가 등장합니다. 그리고 분자들이 쌓여서, 즉 적분 되어 하나의 성질을 갖는 물질이 만들어집니다. 분자들은 원자와 원소로 미분되지요. 자연 속에서 지금까지 발견된 원소들은 98개입니다. 인간이 만들어낸 원소들은 20개이고요. 118개의 원소가 결합하고 적분 되어 분자가 만들어지고 물질이 탄생합니다.

언어학자들은 언어의 최소 단위를 찾으려고 합니다. 언어가 담고 있는 의미의 최소 단위를 발견하려고 언어를 미분합니다. 언어에서 의미

> 부분을 쪼개고 나누어서 순간순간을 알아
> 내는 것이 곧 미분이다. 또한, 순간순간을
> 모아서 전체를 알아내는 것이 적분이다.
> 늘 변화하는 것, 늘 달라지는 것의 정체를
> 파악하는 수학의 사유법이다.

의 최소 단위를 의미소(意味素), 문자언어의 최소 단위를 형태소(形態素), 말에서 소리의 최소 단위를 음소(音素)라고 해요. 낱말들이 모여서 하나의 문장이 만들어집니다. 문장이 모여서 한 편의 글이 되고요. 글을 쓴다는 것은 낱말들, 생각들을 적분하는 것입니다. 글을 분석하고 해석하는 것은 미분하는 것입니다. 글을 읽으면서 의미를 찾는 것이 곧 미분하는 과정입니다.

  울퉁불퉁한 땅의 넓이는 어떻게 알 수 있을까요? 가로와 세로의 길이를 알 수 없는 땅. 직선이 아니라 곡선으로 이루어진 불규칙한 땅의 넓이를 알 수 있는 방법은 무엇일까요? 직사각형 모양의 땅의 넓이는 쉽게 구할 수 있습니다. 가로의 길이와 세로의 길이를 곱하면 넓이를 구할 수 있지요. 그러나 사각형이 아닌 땅의 넓이는 쉽게 구할 수 없습니다. 동그란 땅의 넓이를 구하기도 쉽지 않습니다. 곡선으로 연속된 선의 길이를 측정하기는 쉽지 않습니다. 이 문제를 해결한 것이 미분법입니다.

  테두리가 불규칙한 땅을 사각형 조각으로 분할합니다. 아주 작은 사각형으로 곡선에 가장 가깝게 쪼갭니다. 곡선을 미세하게 나누면 직선에 가깝게 됩니다. 아주 작은 사각형으로 쪼갠 다음 그 미세한 사각형의 가로와 세로를 곱하여 작은 사각형의 넓이를 알아냅니다. 여기까지가 미분입니다. 작은 사각형이 작으면 작을수록 계산은 더 정확해질 것입니다. 아주 작은 사각형 조각의 넓이를 알아냈으므로 이제 작은 사각형 조각을 전체 더하면 울퉁불퉁한 땅의 넓이를 구할 수 있습니다. 작은 사각형 조각을 더하는 것을 적분이라고 합니다.

수학에서는 선이나 면, 공간, 속도, 운동, 입체 등을 미분하여 얻어지는 최소 단위를 무한소(無限素)라고 해요. 속도를 미분하면 순간속도라는 무한소가 얻어집니다. 류현진 선수가 던진 공의 속도는 날아가고 있는 공의 순간을 미분하여 얻어지는 순간속도를 말합니다. 시간을 미분하면 순간이 나옵니다.

0에 한없이 다가가 0에 가장 가까운 수, 미분과 적분의 언어

미분은 순간을 찾는 것입니다. 순간이란 과연 어느 정도의 크기일까요? 영화에서 1초에 24장의 필름을 돌린다면, 1초를 24개로 쪼갠 것이 영화의 순간입니다. 시계가 나타내는 순간은 1초입니다. 대부분 시계가 1초를 최소 단위로 표시합니다. 사람의 눈은 '눈 깜빡이는 시간'을 순간으로 생각합니다. 우주를 연구하는 천문학자에게 순간은 더욱 길 테지요. 이렇게 순간의 크기에 대해 여러 가지 생각이 존재합니다.

쪼개고 쪼개서 '찾아낸 순간'을 무한소(infinitesimal, 無限小)라고 합니다. 무한소란 '무한히 0에 다가가는 수'란 뜻입니다. 0과 가장, 정말 가장 가까운 수. 이런 수가 과연 있을까요? 수학은 순간을 이렇게 표현합니다. 0에 한없이 무한히 가까워지는 수. 0에 무한히 가까운 수이지만 결코 0이 아닌 수. 이것이 수학과 미분이 발견한 '순간'입니다.

$X \to 0$ (X는 무한히 0에 다가간다)

  수학이 생각해낸 순간은 독특한 아이디어입니다. 미분은 수학적 상상력 속에서 순간의 크기를 측정하고 계산할 수 있는 사유법입니다. 순간을 계산할 수 있다면, 바로 순간의 모임인 운동, 변화, 움직이는 것을 수학의 언어로 표현할 수 있습니다. 움직이는 로봇을 만들기 위해서는 움직이는 것을 수학언어로 정확하게 계산하고 측정할 수 있어야 합니다. 로봇이 마음대로 움직이는 것이 아니라, 수학적 언어의 지시와 명령에 따라 움직이기 위해서 움직임 그 자체에 대해 계산할 수 있어야 합니다. 미분은 움직임, 운동, 연속적인 것을 정복하는 사유의 무기가 되었습니다.

미분이 인상주의자라면 적분은 과연 무엇일까?

  시간은 모든 것을 흐르고 변화하고 움직이게 합니다. 인간은 결코 시간을 붙잡을 수 없습니다. 모든 것을 사라지게 만드는 시간, 시간은 모든 것과 이별하도록 재촉합니다. 이 시간의 무정함에 대해 인간은 그림으로 순간을 정지시키면서 시간에 저항했습니다. 문자를 발명하여 시간이 퇴색시키는 순간을 저장하여 이미 사라져버린 순간의 잔해라도 붙잡으려 했습니다.

  순간에 집착하고, 순간을 숫자와 기호로 잡아내어 정지시키고 사로잡고자 하는 미분은 인상주의 화가들을 떠오르게 합니다. 그림으로 '순간'을 발견한 사람들은 모네, 드가, 르느와르, 세잔, 고갱 등 인상주의 화가들입니다. 특히 모네는 똑같이 보이는 건초더미를 20여 장이나 그렸지요. 루앙 대성당의 입구는 자그마치 40여 장이나 그렸습니다. 왜 이들은 하나의 사물, 하나의 풍경을 마치 복사하듯이 여러 번 그렸을까요? 볼 때마다, 시간에 따라, 빛에 따라 순간순간 느낌이 달랐기 때문입니다. 모든 순간이 달랐지요. 모습도, 느낌도 각각 다르게 보였습니다.

인상주의 사유법이 등장하기까지 사람들은 순간보다 영원함을 더욱 찬양했습니다. 진리는 영원히 변하지 않는 것이라고 믿었습니다. 순간은 영원의 노예일 뿐이었습니다. 변하지 않는 것이 숭배되었습니다. 순간적인 것은 사라지기 때문에, 순간적인 것은 사로잡을 수 없기에, 순간적인 것은 언어로 표현할 수 없기에 사유할 수도 없었습니다.

인상주의 화가 모네는 그림을 통해 '똑같은 것은 없다'라고 말합니다. 순간순간 세계는 달라지며 각각 다르게 존재한다고. 공간, 시간, 빛, 그리고 사람의 느낌에 따라 하나의 세계가 구성된다고. 그러므로 이 세계에는 셀 수 없이 많은 '세계'가 1초 동안 출현했다가 사라진다고.

눈 깜짝할 사이, 1초 동안 무슨 일이 벌어질까?
사람은 93ml의 공기를 마시고
1초 동안 세계에는 420톤의 비가 내리고
지구는 우주를 29.8km 날아가고
체육관 32개를 가득 채울 만큼인 39만m^3의 이산화탄소가 배출되고
잠자리는 13m, 달팽이는 1cm를 가고
우리 몸의 소장에서는 170만 개의 세포가 다시 생겨나며
140만 명이 하루에 숨 쉬는 양인 710톤의 산소가 줄어들고
지구는 486억kwh나 되는 태양 에너지를 받고
세계에서 쓰는 문서 용지는 4톤이나 되며
79개의 별이 폭발로 생을 마감하고
전 세계의 닭은 3만 3천 개의 달걀을 낳고
1초 동안 0.3명, 4초에 한 명 꼴로 굶어죽고

> 벌새는 날갯짓을 55번이나 하며
> 태양계는 은하를 220km돌고
> 1초 동안 이 세상에 2.4명이 새로 태어난다.
>
> — 1초의 세계, 야마모토 료이치

인상주의 화가들은 순간을 그림으로 그렸고, 수학의 미분은 순간을 계산하고, 수학적 언어로 표현하여 순간을 옮기고 이동할 수 있는 것으로 만들었습니다. 미분적분의 사유가 탄생하면서 '순간'의 운명이 달라졌습니다. 이제 순간은 사라지지 않습니다. 영원한 것, 무한한 것에서 순간적인 것, 현재적인 것의 가치와 의미를 발견하게 되었습니다. 단지 순간을 정지시키고 포착하여 음미하는 것에 그치지 않고 순간을 사로잡아 이리저리 이동시키고 쌓고 배치할 수 있는 것으로 만들 수 있게 되었습니다.

움직이는 것은 정지된 것들의 모임이다. 움직이는 것을 미분하여 그 힘을 알아낸다면 그것이 어디로 향할지 알 수 있을 것이다. 연속되고 변화하고 움직이는 것들의 법칙. 미분적분은 변화무쌍한 사건과 현상들까지 수학 언어로 표현한다.

순간들이 쌓이면 움직임이 됩니다. 움직임의 순간들이 쌓이면 운동이 됩니다. 변화하는 것이 되는 것이지요. 순간을 쌓는 것, 순간들을 모으는 것, 적분을 이용하여 움직이고 운동하고 변화하는 것을 만들어낼 수 있습니다. 이것이 미분적분의 사유법이 발휘하는 능력입니다.

미분적분의 사유능력은 인간의 능력을 한층 더 발전시켰어요. 자연에서 변화무쌍하게 움직이고 변화하는 것을 그저 바라보기만 했던 인간이 미분 적분의 사유법으로 이제 변화무쌍하게 움직이는 것을 만들어낼 수 있게 되었습니다. 지구에는 인간이 만들어낸 것들이 움직이고 운동하고 날아다닙니다.

12 최고의 추상 언어, 패턴 언어, 수학 언어

무섭고 두려운 능력, 추상(抽象 abstraction)이란 무엇인가?

추상이란 무엇일까?

우리는 학교에서 번호로 불립니다. 선생님이 사람을 부릅니다. 23번! 번호를 불렀는데 사람이 대답합니다. 번호가 어찌 사람이 될 수 있을까요? 선생님은 왜 번호를 부르고, 학생은 왜 대답을 할까요? 국가는 주민등록번호로 국민을 기억합니다. 국가는 국민 한 사람 한 사람의 마음을 알 수 없습니다. 단지 숫자만을 기억합니다. 숫자가 곧 사람입니다. 들판에서 무질서하게 이리저리 돌아다니며 풀을 뜯어 먹고 있는 양들을 바라보며 한 마리씩 셉니다. 한 마리, 두 마리, 세 마리... 지하철역 입구에서 수많은 사람이 쏟아져 나옵니다. 우리는 그 수많은 사람에게 물어보지 않고 그냥 눈으로만 보고서 남성인지 여성인지 구분할 수 있습니다. 우리에겐 마술사의 능력이 있습니다. 보기만 해도 그것이 무엇인지 알아보는 능력입니다. 물론 헷갈리는 사람도 있지만 대부분 구분이 가능합니다. 어떻게 이런 마술사의 능력을 갖게 되었을까요?

사냥꾼이 쫓고 있던 토끼가 눈에서 사라졌습니다. 보이지 않는 곳으로 숨었습니다. 토끼는 인간의 무능력을 알아차렸습니다. '인간은 냄새도, 소리도 잘 듣지 못해. 보이지 않는 곳으로 숨어버리면 인간은 아무것도 알아낼 수 없어.' 그러나 인간은 사냥감의 발자국을 추적합니다. 마치 학교에서 학생이 번호로 변신하듯이 토끼는 발자국이 됩니다. 발자국만 보면 토끼인지 알아볼 수 있습니다. 토끼는 보이지 않는 곳으로 숨었지만, 인간은 발자국으로 변신한 토끼를 추적합니다. 토끼의 전체 모습 속에서 발자국만 쏙 빼내어 추적하는 것입니다. 토끼는 끝내 인간 사냥꾼에게 잡힙니다. 토끼는 자신이 왜 잡혔는지 알지 못합니다. 발자국=토끼. 인간의 사유 속에서 토끼는 발자국이 되었습니다. 이것이 바로 추상입니다. 추상은 인간의 위대하고 무서운 사유(생각)의 무기입니다.

추상, 그것은 무서운 것입니다. 뽑아내거나 쥐어짜거나 어떤 알맹이만 쏙 잡아당겨서 끌어당기는 것이기 때문입니다. 인간이 '추상'의 능력을 갖기 시작하면서 사물들은, 자연은 두려움에 떨었습니다. 무엇이 뽑힐 것인가. 무엇이 제거될 것인가. 마치 사과를 먹을 때 껍질과 씨앗은 버리고 과육만 먹듯이 선택된 것이 있으면 버려지는 것이 있습니다. 선택하는 것, 소유하는 것, 뽑아내는 것을 '추상(抽象)'이라 하고 버리는 것, 제거하는 것을 '사상(捨象)'이라 합니다.

추상은 오직 인간의
사고 속에서만 일어난다

추상은 인간이 갈고 닦은 무기입니다. 인간은 다른 포유류에 비해 육체적 능력이 떨어집니다. 늑대와 여우는 물론 토끼도 인간의 달리기 실력을 비웃지요. 두발걷기 후엔 땅과 멀어져 냄새 맡는 능력도 퇴화했습니다. 원래 냄새는 추적자의 능력입니다. 코와 귀의 능력은 사냥꾼과 추적자의 능력입니다. 인간은 귀와 코의 능력은 퇴화하고 눈만 겨우 색채를 볼 수 있을 뿐입니다. 사냥감들, 먹이들이 눈으로 볼 수 없는 것으로 숨어버리면 인간은 더 이상 먹잇감을 추적할 수 없습니다. 이 눈의 무능력을 어떻게 극복할 것인가? 만약 이 문제를 해결하지 못한다면 인간은 동물왕국의 생존 경쟁에서 사라질 것입니다.

'사과(apple)'의 정의는 수천 수만 개의 사과의 공통점을 쏙 뽑아서 사전에 기록해 놓았습니다. 그렇다면 쏙 뽑은 기준에 따라 정의는 달라질 수 있습니다. 사전에 기록된 '사과'의 정의는 곧 사과의 정체가 됩니다. 사전에 정의된 사과는 실재로 존재하지 않습니다. 오직 인간의 생각, 사유 속에만 존재합니다. 지식으로서의 사과, 인간의 의식 속에서만 활동하는 사과, 이름으로만 존재하는 사과, 맛을 볼 수 없는 관념적 사과입니다. 이렇게 인간의 사유, 의식에만 존재하는 것들을 '추상적 실재'라고 합니다.

인간이 사고한다는 것, 생각하는 것은 곧 어떤 특정한 영역, 특정한 부분만을 머릿속에 넣어서, 쏙 뽑아서 사유하는 것입니다. 왜냐하면, 모든 것을 넣을 수 없기 때문입니다. 모든 것을 볼 수 없기 때문입니다. 우리는 연예인의 특정한 부분만을 추상화합니다. 그리고 그 또는 그녀를 좋아합니다. 스타들의 일부분만을 포착하고 사로잡습니다. 특정한 부분만을 잘라내어, 추상화하여 머릿속에 저장합니다. 특징화하는 것입니다. 인상적인 부분만을 기억하는 것입니다. 자신이 원하는 부분만 잘라내어 기억합니다. 그럼에도 불구하고 추상, 추상화는 인간의 위대한 사고능력입니다. 그것이 생각하는 능력, 사고력입니다. 지구상에 동물들, 식물들이 가장 무서워하고 두려워하는 인간의 능력입니다. 사전에 올라와 있는 지식들, 사전에 정의된 이름들, 그동안 인간이 알아낸 지식들, 만들어낸 언어들 모두 추상화의 결과물입니다.

추상(抽象)은 요약입니다. 나무는 오로지 목재와 종이의 재료로 요약됩니다. 땅은 식물과 곡식이 자라는 장소로 요약됩니다. 땅은 얼마나 많은 모습과 성질, 특성이 있을까요? 나무는 얼마나 많은 속성과 생명력을 가지고 있을까요? 인간은 사물과 자연에 대해 하나의 목적만을, 하나의 모습만을, 하나의 성질만을, 하나의 필요와 욕망만을 뽑아내어 추상화합니다. 추상화된 존재에 이름을 붙이고 의식 속에 저장합니다.

추상화(抽象化, abstraction)란 사고할 수 있는 것으로, 생각할 수 있는 것으로 만든다는 뜻입니다. 인간의 사고, 뇌에서 생각할 수 있게 변화되는 것이 바로 추상화입니다. 자연, 사물 등 이 세계에 존재하는 것들을 '인간이 사고'하기 위해서는 추상화되어야 합니다. 자연 속에 존재하는 것들은 무게와 부피를 가지고 있지만, 인간의 사유 속에서 추상화된 존재는 무게가 없습니다. 공간을 차지하지도 않습니다. 추상화된 존재는 이름을 갖습니다. '인간은 그것을 추상화한다.' 그렇다면 그것에 대해 인간은 생각하기 시작했고, 생각 속에서 인간의 필요에 따라 다루어진다는 것을 의미합니다.

최고의 추상 언어가 바로 수학 언어이다

수학 언어는 최고의 추상 언어이며 추상적 사유의 결과물입니다. 숫자 1은 이 세상에 혼자 존재하는 모든 것을 추상화한 생각의 언어입니다. 숫자 2는 이 세상에 두 개로 이루어진 모든 것들을 대표하는 언어입니다. 숫자 3은 이 세상에 세 개로 존재하는 것들, 세 개의 묶음을 사고하는 추상 언어입니다. 추상화는 곧 공통점, 유사성을 찾아내는 사고능력입니다. 사과 세 개, 축구공 세 개, 컵 세 개, 바나나 세 개, 의자 세 개의 공

빛은 점으로 이루어져 있다. 원자와 전자가 곧 점이다. 점이 모여 형상을 이룬다. 쇠라는 빛의 점들을 모아 그림을 그렸다.

통점은 무엇일까요? 각각 다른 것인데 인간의 생각하는 능력으로 3이라는 숫자를 떠올립니다. 이것이 곧 추상화입니다. 또한, 3이라는 패턴을 발견하고 찾아내는 인간의 사고능력입니다.

점이란 과연 무엇을 사고하는 언어일까?

사람이 멀리 가면, 시야에서 멀어지면 하나의 점이 됩니다. 점이 되었다가 더 멀어지면 더 이상 볼 수 없이 사라집니다. 한 사람이 점으로 추상화됩니다. 점이 한 사람을 대신합니다. 점은 단지 그곳에 '있다'라는 것만 나타냅니다. 빈공간에 점이 나타나면 존재의 출현입니다. 만약 점 속에 생각이 담겨있다면 생각의 출현입니다. 화가들의 최초 붓질은 항상 점으로 시작합니다. 점이 상징하는 것은 존재한다는 것입니다. 숫자 1과 같은 생각입니다. '없다'에서 '있다'라고 바뀌는 것이 곧 1과 점의 등장입니다. 모든 있는 것, 존재하는 것은 점으로 표시됩니다. 높은 곳에 올라가서 보면 지상의 사람은 점으로 보입니다. 멀어지는 사람은 점점 더 작아져서 점이 됩니다. 그리고 점이 사라지면 더 이상 없는 것, 존재하지 않는 것이 됩니다. 점. 존재의 출발, 나타남의 시작입니다.

세상을 구성하는 원자도 점(點)입니다. 세상은 〈점과 선과 면〉으로 나누어지고 합해지고 쪼개지고 분할되고 충돌하고 손을 잡으면서 긴장을 만들고 리듬을 타면서 생명을 표현합니다. 존재하는 것들, 그것은 점들의 모임입니다. 점(點)을 나타내는 이름은 너무나 많습니다. 도트(dot), 원소, 원자, 숫자 1, 모나드, 단자, 광자, 요소, 개인, 음소 등.

존재의 다른 이름들은 무엇일까요? 노드(node 만나는 점), 클러스터(cluster 파일을 저장하는 논리적 단위), 네트(net 경계), 뉴런(neuron), 모나드(monad), 리좀(rhizome), 점(point). 생물의 최소 단위는 '세포'입니다. 생물의 점이 세포입니다. 화학의 최소 단위는 '분자'입니다. 언어학에서 의미의 최소 단위를 의미소(意味素)라고 합니다. 문자언어의 최소 단위를 형태소(形態素), 말에서 소리의 최소 단위를 음소(音素)라고 합니다. 물리학에서는 원자(原子)입니다. 수학에서는 선이나 면, 공간, 속도, 운동, 입체 등을 미분하여 얻어지는 최소 단위를 무한소(無限素)라고 합니다. 모든 것은 처음엔 점으로 시작합니다.

선이란 무엇을 의미하는 언어일까?

점이 모여서 선이 됩니다. 드디어 점이 움직여서 선이 됩니다. 그래서 선은 길이 됩니다. 선은 폭이 없는 길입니다. 선은 점을 움직여 어떤 방향으로 나아가는 의지를 가지고 있습니다. 쭉 뻗어 나간 직선은 일관된 힘을 갖습니다. 하나의 방향을 향해 고집스러운, 결코 꺾이지 않는 의지를 유지합니다. 선은 리듬을 갖습니다. 직선의 리듬과 곡선의 리듬이 있습니다. 점들이 일렬로 늘어서 있는 선은 순서를 갖습니다. 순서는 곧 리듬을 만들지요. 리듬을 표현하는 음악과 노래의 악보는 오선지 위에 그려집니다. 선 위에서 음표가 뛰어다닙니다. 선은 경계를 만듭니다. 이곳과 저곳을 나눕니다. 공간을 가로지르며 그 끝을 나타냅니다. 직선, 사선, 곡선, 대각선, 수직선과 수평선 등 각각의 선들은 자신만의 독특한 느낌을 품고 있습니다.

　　선의 비밀이 있습니다. 모든 선은 면을 숨기고 있습니다. 이것이 선의 비밀입니다. 점이 선을 품고 있듯이, 점이 선의 요약이듯이 선은 곧 면의 일부분입니다. 선은 면의 요약입니다. 선은 면의 흔적이자 징표입니다. 선을 보는 즉시 면을 찾아내야 합니다. 선의 세계에 사로잡힌 눈은 면을 찾아내지 못합니다. 눈은 결코 면을 찾지 못합니다. 오직 추론할 줄 아

사유의 눈은 아무것도 없는 곳, 보이지 않는 곳에서도 형상을 발견한다. 착각의 삼각형이다. 분명 아무것도 없는 부분에서 역삼각형의 모양을 볼 수 있다. 이것은 과연 착각일까 아니면 사유와 의식의 특별한 능력일까?

는 뇌, 사유하는 뇌만이 면을 찾아낼 수 있습니다. 과연 선을 보고 면의 모습을 추론할 수 있을까요?

　　　세 개의 직선이 만나면 면이 만들어집니다. 두 개의 직선으로는 면을 만들 수 없습니다. 세 개의 선의 시작과 끝이 만나면 하나의 면이, 하나의 형태가, 하나의 공간이 만들어집니다. 세 개의 선분을 볼 때마다 인간은 삼각형을 생각하며 떠올립니다. 삼각형에 대한 추상적 개념을 가지고 있기 때문입니다. 인간은 모두 기하학자들입니다. 삼각형은 최초의 면입니다. 형태와 공간이 탄생하려면 하나의 곡선으로 이루어진 원과 세 개의 직선이 만나는 삼각형이 탄생해야만 합니다. 이것이 형태와 공간의 원형입니다. 수학 언어에서 삼각형이 중요한 이유는 형태와 공간에 대한 기초언어가 바로 삼각형이기 때문입니다. 완벽한 삼각형은 자연 속엔 없습니다. 오직 인간의 사유, 생각 속에서만 완벽한 삼각형이 존재합니다. 모든 삼각형의 원형, 모든 형태와 공간의 원형으로서 추상적 삼각형이 의식과 관념 속에서 활동합니다.

면은 무엇을 의미하는 언어일까?

　　　면은 곧 형태입니다. 모양을 갖는 것입니다. 삼각형, 사각형, 동그라미 등. 모양과 형태를 갖는다는 것은 자신만의 영토를 가진 것이며 완성되었다는 의미입니다. 면은 완결된 닫힌 구조를 가집니다. 면은 넓이와 길이가 완성되었습니다. 선으로 완벽한 경계를 가진, 모양과 형태를 갖춘 존재로 이 세상에 등장합니다. 면은 오직 앞면만을 보여줍니다. 선이 면을 숨기고 있는 것처럼 면은 입체를 숨기고 있습니다. 면은 부피를, 두께를 숨기고 있습니다. 눈은 오직 면만을, 앞면만을 봅니다. 눈은 뒷면을, 부피를 보지 못합니다. 뒷면을 보는 자, 부피를 추론하는 자는 생각하는 뇌, 추상적인 사유능력을 가진 뇌의 몫입니다.

　　　　세계는 하나가 아닙니다. 인간에게 세계는 늘 두 개 이상으로 다가옵니다. 인간의 눈으로 세계는 쏟아져 들어옵니다. 밖에서 들어오는 세계뿐만 아니라 인간 내부의 뇌에서 추상적인 세계가 만들어집니다. 인간에게 세계는 분열되어 있습니다. 세계는 여러 개로 흩어져 있습니다. 인간의 눈은 두 개입니다. 인간의 귀도 두 개입니다. 만약 세계가 하나라면 모양과 형태를 가질 수 없습니다. 두 개 이상의 점이 하나의 공간에, 하나의 시간에 존재합니다. 그때 그 점들은 선으로 보입니다. 나란히 열 지어 보입니다. 하나의 문장은 여러 개의 낱말(점)이 나란히 순서 있게 열 지어 정열합니다. 123456789…… 자연수의 순서는 1의 증가라는 리듬, 패턴, 규칙, 질서를 가진 순서로 등장합니다. 어제, 오늘, 내일, 시간은 나열됩니다. 시간은 늘 순서를 가집니다. 소리 또한 순서를 가집니다. 소리는 1초에 340m를 움직이며 차례대로 전달됩니다. 움직이는 것, 속도는 순서의 모습입니다. 순서, 비교, 패턴, 리듬, 규칙, 법칙, 질서는 두 개 이상의 존재가 만들어내는, 두 개 이상의 존재들이 연출하는 여러 가지 풍경입니다. 인간의 '생각 능력', '추상적 능력'은 이것을 발견하고 인식하고 찾아낼 수 있습니다. 점, 선, 면, 삼각형, 원 등 추상적 능력이 만들어내는 최고의 추상적 언어가 바로 수학 언어, 기하학의 언어입니다.

추상명사의 정체는 무엇일까?

　　　　명사(名詞) 중에 추상명사가 있습니다. 추상명사는 어떤 명사일까요? '사랑'은 추상명사입니다. 자유, 평등, 정의 등 추상명사는 눈, 코, 귀, 입 등 감각으로 붙잡을 수 없는 것들입니다. 자연에 존재하지 않는 것들입니다. 추상명사는 인간의 뇌에서, 사유에서 탄생하고 만들어진 것들입니다. 아무도 '사랑'에 대해 모든 것을 말할 수는 없습니다. 아무도 '자유'에 대해 모든 것을 정의할 수 없습니다. 단지 어떤 특징, 성질에 대해 말할 수 있을 뿐입니다. 장점만 쏙 뽑아 놓은 것일까요? 아니면 단점만 추려놓은 것일까요. 우리가 알고 있는 명사의 숫자만큼 우리는 추상화의 능력을 가지고 있습니다. 우리는 마치 거미 인간 스파이더맨처럼 낱말로, 언어를 쑥쑥 쏟아냅니다. 우리의 뇌는 추상 기계입니다.

'추상적이다'라는 말의 대립어, 반대말은 '구체적이다' 또는 '감각적이다'라는 말입니다. 감각으로 만질 수 있고 느낄 수 있는 것은, 질량과 무게를 가지고 부피를 느낄 수 있는 것들은 구체적이며 감각적입니다. 그러나 질량과 부피를 가지고서는 인간의 뇌에 들어갈 수 없을 뿐만 아니라 뇌 속에서 활동할 수도 없습니다. 인간의 뇌에 들어가기 위해서는, 사유의 대상이 되기 위해서는 질량과 부피를 버려야 합니다. 바람처럼 가벼워져야 합니다. 추상화한다는 것은 전파와 전기처럼, 빛처럼 만드는 것입니다.

인간이 추상으로 만들어낸 것은 무엇일까요? 숫자는 추상적인 결과물입니다. 0, 1로 이루어진 이진법. 비트의 세계. 디지털의 세계는 모두 인간의 추상적인 결과물이며 생산물입니다. '추상으로 만들다'는 '생각으로 만들다'라는 말인데, 추상은 바로 '생각하는 기계'를 만들어내었습니다. 생각하는 기계를 대표하는 것이 '컴퓨터'입니다. 튜링이 만든 생각하는 기계입니다. 컴퓨터는 특정한 행동, 하나의 기능만을 영원히 반복하도록 추상화한 기계입니다. 그래서 계산기는 이 지구에서 따라올 자가 아무도 없습니다. 계산의 달인이 되는 것입니다. 계산의 신이 되는 것이지요. 그러나 계산기는 다른 것을 하지 못합니다. 이 점에서 계산기는 강제기계입니다.

피카소, 칸딘스키, 말레비치, 잭슨 폴록, 몬드리안 등 추상화, 추상적 그림을 그린 화가들이 있습니다. 이들은 어떤 욕망으로 추상화를 그렸을까요? 추상화(抽象畵)는 자연 속에서 발견할 수 없는 그림입니다. 신은 자연을 만들었고 인간은 추상화를 그렸습니다. 신이 만들지 않는 것을 인간이 만들고자 하는 욕망. 신을 뛰어넘고, 신과 경쟁하며 신과 동등한 위치에 오르고자 하는 인간의 욕망이 추상화를 탄생시켰습니다. 초상화를 그렸던 화가들. 자연을 있는 그대로, 자연을 복제하며 묘사하는데 충실했던 자연주의 화가들은 사진기가 등장하면서 직업을 잃었습니다. 사진이 자연을 너무나 똑같이 묘사했기 때문입니다. 화가들은 사진기가 결코 그려낼 수 없는 것들을 그리기 시작했습니다. 사진기계와 경쟁할 수 없는 세계를 그리는 것. 인간의 사유 속에서, 추상화된 세계를 그리는 것만이 가장 독특하고 창조적이며 그 어떤 기계와도 경쟁에서 이기는 길이었습니다.

'고요함'이라는 추상을 표현할 수 있는 언어는 무엇일까?

고요함이란 어떤 모습일까요? 인간만이 느낄 수 있는 고요함이란 지극히 추상적인 세계입니다. 완전한 침묵을 그림으로 그린다면 어떻게 표현할 수 있을까요? 완전한 순수함이란 과연 어떻게 생겼을까요. 말레비치는 절대적이며, 극한적인 그리고 그 어떤 것도 섞이지 않는 세계에 대해 추상화했습니다. 완벽한 검은색, 절대적인 사각형 안에서 무엇을 느낄 수 있을까요? 완전함이란 단색입니다. 통일, 하나, 유일함입니다. 하나의 색. 그 속에 무엇이 존재할까요. 신의 모습은 단색일까요? 컬러일까요.

튜링은 추상적 사유를 대표합니다. 그가 만든 최초의 연산 기계. 컴퓨터의 원조가 되는 기계가 바로 '튜링기계'입니다. 그는 수학자였으며,

말레비치, 〈검은 사각형〉, 1915년. 무엇을 그린 것일까? 자연에 있는 대상을 그린 것이 아니다. 인간의 어떤 관념, 감정을 그린 것이다. 우리들의 감각이 활동을 완전히 멈춘 상태를 무엇이라 부를까? 절대(絶對)란 무엇일까? 완전한 무(無)는 과연 암흑일까?

가장 추상적인 수학 언어로, 추상적인 사유로 추상적 능력을 발휘하는, 결코 패배를 모르는 기계를 만들었습니다. 그의 최후는 비극적이었지만 그가 만든 추상 기계들은 이제 인간이 신을 넘본 것처럼 인간을 넘보고 있습니다. 언제가 사랑을 하는 기계, 감정을 추상화하는 기계가 등장하지 않을까요. 최고의 추상 언어인 수학 언어로 제2의 튜링이 등장하면 말입니다.

태양, 지구, 달은 왜 동그랗게 생겼을까?

고흐의 선은 살아 움직입니다. 마치 사람의 마음처럼 흐르고 움직이며 어떤 의지를 가지고 있는 것처럼 물결칩니다. '이것은 고흐의 그림이다'라고 누구나 느낍니다. 고흐의 그림에 나타나는 개성이 반복적으로 나타나기 때문입니다. 반복되면 고유한 특성과 질서를 갖는 패턴이 됩니다. 고흐가 만들어낸 자신의 패턴이 있습니다.

꿀벌은 색맹입니다. 들판에 널려 있는 나무와 식물들의 초록색은 벌들에게 회색으로 보입니다. 꽃의 붉은 색은 선명한 검은 색으로 보입니다. 색맹인 벌들의 눈에 가장 강력하게 보이는 것은 바로 대칭입니다. 꽃들은 완벽한 대칭으로 벌들을 유혹합니다. 대칭은 꽃의 언어입니다. 꽃이 대칭의 옷을 입고 육각형과 오각형으로 '나에게 오라'는 메시지를 보냅니다. 벌에게 꽃의 대칭은 곧 언어입니다.

수학 언어는 원, 삼각형, 사각형 등 기하학을 다룹니다. 기하학은 형태 언어입니다. 형상, 형태, 모양에서 대표적인 언어가 바로 대칭입니다. 대칭은 무엇일까요? 대칭은 균형입니다. 벌들은 왜 육각형으로 벌집을 지을까요? 벌들이 꿀을 저장하기 위해 사용하는 육각형 격자는 대표적인 대칭입니다. 육각형은 꿀벌이 선택할 수 있는 가장 효율적이며 경제적인 방법입니다. 밀랍을 낭비하지 않으면서도 대부분의 꿀을 최대 공간에 저장할 수 있도록 합니다. 최소한의 밀랍으로 최대 개수의 방을 지을 수 있는 형태가 바로 육각형입니다.

태양과 지구, 달은 왜 동그랗게 생겼을까요? 지구는 적도 부근이 불룩하게 튀어나온 구체입니다. 동그란 모양의 구체는 가장 대칭적인 형태입니다. 오른쪽과 왼쪽, 위쪽과 아래쪽이 늘 같습니다. 구체는 어떤 식으로 회전시키고 반사해도 언제나 똑같은 모양을 유지합니다. 태양과 지구, 달은 스스로 회전합니다. 또한, 공전도 합니다. 회전운동에도 불구하고 자신의 모양과 형태가 변형되지 않고 늘 처음의 모습을 유지할 수 있는 것은 대칭적인 형태 때문입니다.

태양, 지구, 달은 왜 동그란 구체일까? 오래된 것일수록 강력한 패턴을 가지고 있다. 영원하기 위해서는 패턴을 가져야 하는 것일까? 패턴 중 대표적인 것이 대칭이다. 태양, 지구, 달은 대칭의 힘을 발휘하고 있다.

패턴이 담고 있는 비밀을 풀어라

  태양과 지구, 달은 격렬한 회전운동에도 불구하고 자신의 형태를 유지합니다. 태양과 지구, 달이 만들어내는 동그란 모습은 하나의 패턴 pattern, 유형type의 뜻입니다. 식물들과 꽃이 만들어내는 오각형, 육각형의 대칭은 시각적 패턴입니다. 수학 언어로 발견할 수 있는 패턴의 종류는 아주 많습니다. 새와 동물들의 소리로 그들의 정체를 알 수 있습니다. 소리(청각)의 패턴입니다. 봄·여름·가을·겨울의 변화를 패턴으로 알아차립니다. 운동과 변화의 패턴입니다. 언어적 패턴으로 문장을 만들어내는 문법이 있습니다. 문화 속에서 사회적 행동 패턴을 관찰합니다. 사람들의 생각과 주장에서 논리적 패턴을 발견합니다. 인간의 사유, 생각은 곧 패턴으로 이루어집니다.

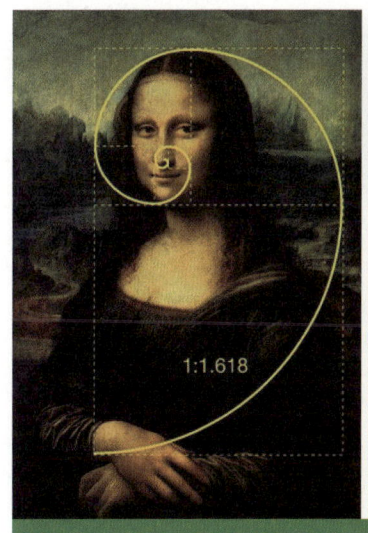 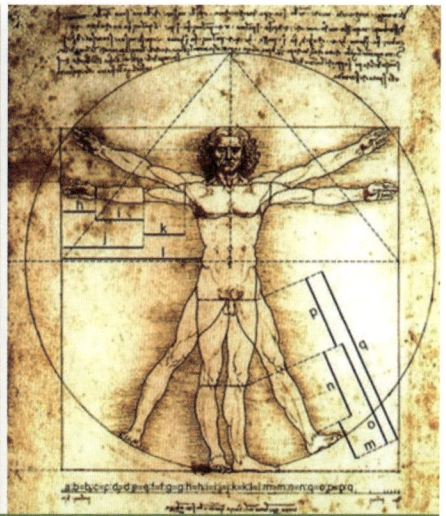

왜 아름다움을 느끼는 것일까? 황금비율은 아름다움이 비율에서 온다고 주장한다. 비율, 비례의 아름다움은 관계와 형태에서 얻은 질서와 평화로움이다.

수학 언어는 패턴의 언어입니다. 패턴은 인간의 능력으로 인식할 수 있는, 생각할 수 있는 거의 모든 종류의 규칙성입니다. 규칙이 있는 곳에 패턴이 있습니다. 패턴은 규칙, 질서, 구조, 대칭, 반복, 모방 등과 친족 관계입니다. 낮과 밤이 대표적인 패턴이며 규칙이고 대칭입니다. 낮과 밤은 하루를 구성하는 질서를 만듭니다. 낮과 밤이 계속해서 반복됩니다. 이 반복 속에서 공통점과 유사성을 발견합니다. 수학 언어는 대립적인 두 개의 반복을 숫자 2로 표현합니다.

가장 많은 패턴은 순서이다
순서가 담고 있는 사고의 비밀은 무엇일까?

1 2 3 4 5 6 7 8 9 …… 자연수의 순서에서 1의 증가라는 리듬,

규칙, 질서를 가진 패턴을 깨닫습니다. 어제, 오늘, 내일, 시간은 마치 수평선처럼 하나의 줄로 패턴화됩니다. 시간은 늘 순서를 가집니다. 순서, 비교, 리듬, 규칙, 법칙, 질서는 두 개 이상의 존재가 만들어내는, 두 개 이상의 존재들이 연출하는 여러 가지 풍경이며 패턴입니다. 인간의 '생각 능력', '추상 능력'은 이것을 발견하고 인식하고 찾아낼 수 있습니다. 수학 언어로 담아내어 표현할 수 있습니다.

1 2 3 4 5 6 7 8 다음 수는 무엇일까요? 8 다음의 수는 9일 것입니다. 패턴을 발견한 사람의 위대함은 미래를 예측할 수 있다는 점입니다. 봄·여름·가을·겨울의 패턴은 다음에 올 계절을 미리 알 수 있게 합니다. 패턴은 과거만이 아니라 미래를 감추고 있습니다. 패턴을 아는 자가 곧 미래를 알 수 있습니다.

1, 1, 2, 3, 5, 8, 13, 21, 34, 55, 89, 987, …… 이 숫자의 규칙, 패턴은 무엇일까요? 피보나치 수열이라고 합니다. 앞의 두 개의 숫자를 더하면 2가 되고 2와 3을 더하면 5가 됩니다. 피보나치 순서의 비율을 황금비라고 합니다.

황금비 1.6180339887…… 갓 태어난 토끼 한 쌍이 있습니다. 한 쌍의 토끼는 두 달 후부터 매달 암수 한 쌍의 새끼를 낳으며, 새로 태어난 토끼도 태어난 지 두 달 후부터는 매달 한 쌍씩 암수 새끼를 낳습니다. 1년이 지나면 모두 몇 쌍의 토끼가 있을까요? 첫 달에 태어난 토끼 한 쌍이 1개월 후에 어른 토끼가 되고, 2개월 후에 토끼 한 쌍을 낳게 됩니다. 이후 어른 토끼는 매달 토끼를 한 쌍씩 낳게 되고, 새끼 토끼는 한 달 후에 어른 토끼가 되고, 두 달 후부터 토끼 한 쌍씩 낳게 됩니다. 이렇게 매달 토끼의 쌍을 세어 보면 1, 1, 2, 3, 5, 8, 13, 21, 34, 55, …… 토끼가 늘어나는 규칙이 바로 피보나치 수열입니다. 모든 아름다운 것, 질서 있는 것, 균형을 이룬 것들은 피보나치 수열의 비율, 즉 황금비율을 가졌다고 말합니다.

　　아인슈타인은 위대한 패턴을 발견합니다. 그는 자신이 발견한 패턴을 수학 언어이자 과학 언어인 $E=mc^2$로 표현합니다. 모든 과학자는 패턴을 발견하고자 합니다. 과학자들이 발견한 패턴, 규칙, 법칙들은 방정식으로, 수학 언어로 사유하고 표현됩니다.

2부

자연수에 담긴 사고력, 상징수학

1 이 세상에 단 하나밖에 없는 것은 무엇일까? 왜 왕들은 늘 한 명일까?

1을 부르는 이름들, 1이 지배하는 세계,
1의 다른 이름들, 1의 배경, 1의 영토에 있는 것들

차이, 구별, 이것, 저것, 그것, 세상의 모든 시작과 처음, 유일함, 나, 존재, 통일, 전체, 일관성, 최고, 외로움, 고독함, 점, 외눈박이, 오직, 모나드, 하나, 첫, 독립, 단일함, 외발자전거, 첫사랑 등

첫 번째 문을 열 때 1의 관념이 머릿속에서 활동한다.

이 세상에 독립적이며
개별적으로 존재하는 것들을
나타내는 추상언어 1

인간의 눈은 세계가 하나 하나 나누어질 때 알아볼 수 있습니다. 이것과 저것이 나누어져 독립적으로 존재할 때 인식할 수 있습니다. 사물과 세상이 하나 하나 쪼개지고 분리해서 차이가 생겨야 알아차립니다. 나누어지지 않으면, 차이가 없으면 눈은 알아차리지 못하고 존재는 사라집니다. 1은 세상에 존재하는 하나 하나를 대표합니다. 1은 '존재함'을 나타내는 지극히 추상적인 수학언어입니다. 1은 이 세상에 가장 많은 양을 나타냅니다. 존재하는 것들은 모두 1로 표현할 수 있으니까요. 새로 만들어지는 것들도 등장하는 순간 1이라는 이름을 갖게 됩니다.

1에는 '시작'과 '처음'이
담겨있는 언어, 세상의 모든
'처음'과 '시작'을 불러온다

1은 모든 숫자 중에서 맨 처음 시작하는 숫자입니다. 처음과 시작을 나타내는 1. 늘 맨 앞에, 선두에 서 있는 1. 처음과 시작은 과연 좋은 것일까요? 처음과 시작은 과연 어떤 사유의 세계를 열어줄까요? 1이 추구하는 의지는 무엇일까요? 처음과 시작이 없었다면 아무것도 존재할 수 없습니다. 이 세상에 있는 모든 것들은 처음과 시작이 있었지요. 그러므로 모든 것들은 1의 추억을 간직하고 있습니다. 모든 것들은 1이었던 때가 있었습니다.

1은 '모든 것의 처음과 시작'을 뜻합니다. 첫 발, 첫 삽, 첫 월급, 첫 사람, 첫 경험, 첫 만남. 모두 처음을 뜻하는 의미로 1을 사용한 것이지요. 1은 '제일' 또는 '최고'를 뜻하기도 합니다. 일등, 일품, 일류, 일인자, 천하제일 등의 형태로 사용하지요. '1'이라는 수는 사람들의 소망과 희망을 나타내며 사람들에게 보람과 성취감을 가져다주는 수입니다. 그래서 행복의 수, 축복의 수라고도 합니다.

"1은 최초의 숫자언어로서 일치를 의미한다. 1은 일치, 하나, 일체 된 하나, 유일한 것, 무시간적인 것이다. 숫자가 아닌 하나의 철학적 이상이나 원형, 혹은 신의 표식이자 단자(單子)로 보아야 한다." - 칼 구스타프 융

시작과 처음에 대하여

모든 처음은 착하고 선하다. 과거가 없기 때문이다.
모두 시작은 가장 넓고 크다. 천 개의 문이 열려 있다.
시작과 출발은 무지하다. 아직 아무것도 이루어지지 않았으며, 아직 어떠한 행위도 없었으며 결과를 알지 못하기 때문이다.
모든 처음은 낯설다.
모든 시작은 신선하다.

책의 첫 페이지를 펼칠 때 설렘.
아기가 첫걸음을 내디딜 때 긴장과 기쁨.
하얀 눈 위에 첫 발자국을 남길 때의 신선한 책임감.
사랑을 고백하는 편지의 첫 글자에 담긴 긴장감.
첫 직장에 처음 출근하는 날의 각오.
새해 처음 떠오르는 해를 바라보는 뿌듯함.

모든 생명의 젖줄이 되어주는 거대한 강물의 아주 작은 한 방울의 용기.

시작은 수많은 가능성이다.
시작은 끝이 아니므로 아무것도 알 수 없다.
시작은 무한한 가능성이므로 끝없는 상상의 세계이다.
시작과 출발은 예측할 수 없으므로 무질서의 상태이다.
모든 시작은 희망을 품고 있다. 출발은 그 무엇을 향한 첫걸음이다.
시작은 어쩌면 하나의 점인지도 모른다.
하나의 점은 정지해 있다. 하나의 점은 두리번거린다.
어디로 향해야 할지 정해져 있지 않다. 하나의 점, 하나의 세포는 과연 어떤 모양으로 변화할까? 운명은 아직 나타나지 않

고독, 외로움, 혼자 등을 의식할 때 I이 배후에 있다

왔다.

　모든 시작은 그 무엇이 되고자 하는 의지다.

　모든 처음과 시작은 희망과 함께 찾아온다.

　의지가 없는 사람은 아무것도 시작하지 못한다.

　열망과 욕망, 희망이 없는 자에겐 처음과 시작의 방문객은 찾아오지 않는다.

1은 고독하고 홀로
서 있는 모습을 표현한다

　1은 무척 고집스럽고 완고하게 생겼습니다. 위에서 아래로, 아래에서 위로 힘 있게 내리뻗은 수직선입니다. 1은 누워있지 않습니다. 곧고 굳게 서 있어요. 강한 의지가 느껴집니다. 결코 꺾이지 않겠다는, 단단한 결심을 풍겨요. 누워있다가 벌떡 일어선 거인처럼 등장합니다. 숫자 중에서 가장 단순하고 꾸밈이 없는 1. 아무런 장식도, 아무런 꺾임도 없이 마치 허허벌판에 혼자 서 있는 나무처럼, 깃발처럼 생겼어요. 1에서는 아무런 소리도 들을 수 없을 것 같아요. 외롭고 홀로 서 있는 모습이기 때문입니다.

모든 하나들, 하나의 대표인 달,
하나를 추상화한다

　사람이 차렷하고 서 있는 모습을 멀리서 보면 바로 1의 모습입니다. 혼자 서 있는 풍경이지요. 그래서 모든 혼자 있는 것들은 1이라고 표현됩니다. '하나'라고 부를 수 있는 것들은 모두 1이에요. 태양은 늘 혼자이지요. 달도 늘 혼자입니다. 우리가 보지 못하는 이 지구도 혼자라고 해요. 나도 혼자이고요. 사람은 누구나 혼자입니다. 땅을 열심히 기어가는

3개의 1이 함께 있다. 오직 유일한 태양, 한 사람, 그리고 맨 꼭대기 정상.

저 개미도 혼자예요. 이 세상에 혼자 있는 것들은 모두 1을 품고 있습니다. 1의 종족들. 1이라는 이름으로 불릴 수 있는 것들. 그래서 이 세상에 가장 흔한 것, 가장 많은 것이 바로 1입니다. 이 세상은 1로 이루어져 있습니다. 모든 존재하는 것들은 1의 족속들입니다.

존재의 등장, 이 세상의 모든 유일한 것들을 대표하여 사고한다

모든 수, 수학적 사고의 출발은 위대한 1로부터 시작합니다. 1이라는 아이디어가 없었다면, 1이 출현하지 않았다면, 1을 발견하지 못했다면, 수학은 존재할 수 없었을 거예요. 인간의 이성적 사고도 불가능했겠지요. '1'은 결정적이며 근본적인 사고이고 아이디어입니다. 1은 수학을 초월하는 아이디어예요. 1은 모든 존재하는 것들이 함께 가지고 있는 것이며, 존재하는 것 하나하나를 대신해요. 그래서 1의 다른 이름은 바로 '존재'입니다. 1은 정말 독특한 존재의 언어입니다. 수학의 낱말이나 숫자로서 1은 모든 것과 분리된 유일한 존재를 나타내지요. 분리성, 단절된 유일한 존재. 1은 완벽한 일체성과 통일성을 나타냅니다. 모든 인간은 완전하게 독특한 개인입니다. '개인'이라는 말과 1은 같습니다. 개인의 탄생은 곧 1이라는 관념과 언어가 있기 때문에 가능했습니다. 1은 하나의 존재가 모호하거나 혼란스러운 존재가 아니라 완벽한 하나의 통일체라는 것을 의미합니다.

1은 유일한 존재를 나타냅니다. 유일한 존재란 이 세상에 하나밖에 없는 것이지요. 유일한 존재는 희귀하고 독특한 존재입니다. 지구에 사는 한 사람 한 사람이 바로 1입니다. 누구도 똑같은 사람은 없지요. 유일하고 독특한 것들이 여러 개 있는 것을 '다양하다'라고 말합니다. 1을 나타내는 낱말은 '유일한', '있는', '독특한' 그리고 '다양함'입니다. 이 세계는 1들이 모여있는 세계입니다.

'1'은 가장 단순한 것, 가장 원초적인 것을 나타내는 낱말입니다. 1은 모든 수에 포함되어 있어요. 1의 다음에 오는 2, 3, 4, 5, 6 등, 모든 수는 1이 늘어나는 수입니다. 1이 없다면 그다음 수도 없겠지요. 그래서 1을 모든 수의 어머니라고 합니다. 1로부터 모든 수가 시작되고 만들어졌습니다. 1의 반복, 1의 쌓임이 자연수의 탄생입니다.

전체와 통일은
늘 하나이다

보자기는 1입니다. 여러 개의 물건을 하나로 만들어 버리기 때문입니다. 1은 '통합과 일치'의 의미로도 사용됩니다. 통일, 합일, 일사불란, 동일, 일치, 혼연일체 등의 형태로 쓰이지요. 1은 '모든', '전체' 등의 의미가 있기도 합니다. 일생, 한평생, 일대기, 일체 등이 그 예입니다. 1은 기본적으로 수량으로서 '하나'의 의미를 갖지만 확장되어 '한결같다'라는 의미로 쓰이기도 합니다. 1은 '일인칭'에서처럼 '나'의 의미로도 쓰입니다. 2인칭은 '너' 3인칭은 '그'입니다. 1은 '적다', '외롭다', '미약하다' 등의 의미로 씁니다. 1은 원초의 통일, 태초의 시작, 창조자, 주동자, 모든 가능성의 총합, 본질, 중심, 나눌 수 없는 불가분의 것, 배아(胚芽), 고립을 나타냅니다. 또한, 떠오르기, 상승을 나타냅니다.

1은 신을 의미하는 숫자입니다. 신은 '완벽함'을 뜻했습니다. 분열이 없는 존재, 부서지거나 대립하지 않는 존재가 바로 '신'입니다. 1은 분열되지 않는 상태로서 일치와 완벽함을 의미하는 언어입니다. 1은 최고를 나타냅니다. 최고는 유일합니다. 금메달은 1등에게 주지요. 무엇이든 가장 잘하는 사람에게 1등이라는 상을 줍니다. 한 국가에 왕은 한 명이었습니다. 왜 왕은 두 명이 아니라 한 명만 있었던 것일까요? 결코 나눌 수 없는, 함께 가질 수 없는, 오직 한 명만이 가져야만 하는 욕망과 의식이 1이라는 언어로 표현된 것은 아닐까요?

맨 선두에 선 앞잡이. 앞장서는 이는 늘 1의 정신을 발휘한다.

[1이 탄생한 이야기]

최초의 탄생, 0으로부터 탈출한 1

"휴우!" 1이 드디어 안도의 숨을 내쉬었습니다.

0으로부터 겨우겨우 빠져나온 것입니다. 0은 동그라미로 모든 것들을 가둬 놓았어요. 아무도 도망가지 못하도록 말이죠. 1이 가장 처음 0으로부터 빠져나온 것입니다.

"저 거짓말쟁이로부터 겨우 빠져나왔네!"

1이 툴툴대며 말했어요. 왜 1은 0을 거짓말쟁이라고 말하는 걸까요? 1은 생각합니다.

'모두 속고 있어! 0은 아무것도 가진 것이 없는 척해. 하지만 사실 0은 모든 것을 가지고 있다고!'

이게 도대체 무슨 소리일까요? 0의 얼굴에는 '없음'이라고 쓰여 있습니다. 마치 아무것도 없는 것처럼 보이지요. 그런데 0이 아무것도 가진 것이 없다면 어떻게 0에서 1이 나올 수 있었을까요? 1은 자신을 품고 있으면서 아무것도 가진 것이 없는 척하는 0을 거짓말쟁이라고 생각했습니다. 0은 굶은 적도, 가난한 적도 없었습니다. 0은 항상 배가 불렀죠. 0의 배는 언제나 불룩했지만 1은 늘 홀쭉했습니다. 정말 가진 것이 없는 것은 1이었어요.

1은 오직 자기 자신 하나만을 간직했죠. 텅 빈 세상에 오직 혼자인 1은 그만큼 가난하고 고독하며 외로웠습니다.

1이 0을 뚫고 나오자 기다렸다는 듯 여러 명의 신이 찾아와 1의 탈출을 축하해 주었습니다. 신들은 축하의 선물로 1에게 이름을 붙여 주었어요. "1, 지금부터 너의 이름은 '시작'이야. 이제 이 세상의 모든 시작과 처음은 너의 아이들이 될 거야. 네가 처음이라는 것, 시작이라는 것을 만들었어!"

또 다른 신이 다른 이름을 주었습니다.

"너의 또 다른 이름은 '유일한'이야. 이 세상에 오직 유일한, 하나밖에 없는 것들 또한 너의 아이들이지. 오직, 단일하게, 꼭, 정확하게, 독특하게 등의 말을 할 때마다 1 네가 활동하는 거라고!"

다음으로 세 번째 신이 이름을 선물해주었어요. 1은 세 번째 신이 준 이름을 듣고 무척이나 기뻐했습니다.

"너는 앞으로 일등, 첫 번째, 가장 높은, 승리자, 챔피언, 일인자, 최고 등의 왕관을 쓸 거야. 기대해. 이때 너는 거만하고 오만하며 승리에 도취하기도 하겠지. 하지만 때로 불안함에 휩싸이기도 할 거야."

세상에 맨 처음 1이 나타났을 때는 비가 딱 한 방울만 내렸습니다. 눈이 내릴 때도 딱 한 송이만 내렸죠. 나무도 딱 한그루만 살았답니다. 바람도 딱 한 점만 불었어요. 둘째 날이 되자 1과 똑같은 1들이 생겨났습니다. 아무리 큰 숫자라도 결국 1들이 모여 만들어집니다. 아무리 물방울이 많다 하더라도 한 방울 한 방울 셀 수 없이 많은 물방울이 모여 비가 되어 내립니다. 아무리 많은 눈송이라도 한 송이 한 송이가 모여서 수백만 수천만 눈송이가 되는 것입니다. 1은 자신과 똑같은 1들을 수없이 많이 복제하고 복사해서 자신의 외로움과 고독을 이겨냈어요. 그래서 1은 늘 당당하고 자신의 존재를 증명하는 1인자가 되었답니다.

2 눈은 왜 두 개일까?
세상에서 가장 바쁜, 세상의 모든 만남을 이어주는 숫자 언어

2가 만들어내는 추상적인 의식과 이름들

숫자 2를 부르는 이름들은 너무나 많습니다. 그리움, 당신(너), 이별, 나누어진다, 분리되다, 쪼개지다, 갈라지다, 차이, 두 갈래길, 선택, 결정, 판단, 이리저리, 갈팡질팡, 이중적이다, 저울질하다, 의심, 회의, 방황,

두 사람이 얼굴을 마주 보고 있다. 생각의 눈은 얼굴 사이의 빈공간에서 그 무엇을 본다. 두 개의 사이에는 늘 무엇인가가 있다.

표리부동, 거짓말, 변덕스럽다, 경쟁, 적대적이다, 다툼, 갈등, 분열, 협력, 대화, 반복, 재현, 도움, 서로, 만남, 사랑, 기다림, 조화, 친구, 대립, 마주침, 구별, 양면성, 이원성, 타자, 상대성, 둘째, 나눔, 상보성, 위선적 등이다. 모두 숫자 2에서 탄생한 것들입니다.

늘 움직이며 변화하고
함께하는 그대는 바로 2

눈도 두 개, 콧구멍 두 개, 귀도 두 개, 손도 두 개, 발도 두 개… 늘 두 번째로 등장하는 사람이 있었습니다. 그는 두 번째가 되기로 결심했습니다. 두 번째에 모든 것을 걸기로 맹세한 그는 하루에 두 끼를 먹었습니다. 하루에 두 번 잠을 잤으며, 말도 늘 두 번 반복했어요. 이를테면

나르시스는 자기 자신을 본다. 생각으로 느끼는 나와 호수에 비친 나. 2개의 나로 분리된다. 무엇인가를 바라보기 위해서는, 생각하기 위해서는 2개로 분리되어야 한다.

이런 식이었습니다. 누군가를 만나면, "안녕, 안녕. 오랜만이야, 오랜만이야." 차를 탈 때도 꼭 첫 번째 사람이 타는 걸 기다렸다가 두 번째로 탔지요. 걸을 때도 두 번씩 걸었고, 어디를 가고자 할 때도 두 번씩 다녔습니다. 그는 자신의 이름을 '한 번 더 한 번 더'로 정했습니다. 그가 지키고자 했던 2의 정신은 무엇일까요?

백조의 이중성을 대표하는 2

2는 늘 투덜거립니다. 잔소리꾼입니다. 세상의 모든 투덜이들은 2의 특성을 가지고 있습니다. 잔소리하려면 늘 누군가와 함께 있어야 하기 때문이지요. 2는 외로움이라는 감정을 알지 못합니다. 친구의 소중함을 알지 못하는 2는 신경질을 부리곤 합니다. 2는 친구의 숫자입니다. 우정을 나타내는 숫자입니다. 디아드(Dyad). 사람은 왜 남자, 여자로 나누어졌을까요? 호수의 백조. 우아한 자태로 백조가 놀고 있습니다. 백조의 모습은 숫자 2를 닮았습니다. 보이는 모습은 우아하지만 물속에서 백조의 발은 열심히, 격렬하고 산만하게 물을 헤집고 있습니다. 백조의 전혀 다른 두 가지 모습. 눈에 보이는 모습과 보이지 않는 모습이 함께 있습니다.

두 개가 있어야만 가능한 것들이 있습니다. 홀로 있으면 외롭지만 둘이 있으면 힘이 납니다. 그래서 '2'는 거만하답니다. '2'는 만남입니다. 이 세상의 모든 일은 만남을 통해서 이루어집니다. 그래서 '2'는 항상 사건을 일으키는 개구쟁이이며, 말썽꾸러기입니다. 하나만 있으면 아무것도 일어나지 않습니다. 신발 한 짝만으로는 걸을 수 없습니다. 바퀴는 땅과 만날 때 굴러갈 수 있습니다. 손바닥 두 개가 만날 때 소리가 납니다.

내 몸속에는 어떤 '2'가 숨어있을까요? '2'는 만남입니다. 내가 만약 변화하고 싶다면 무엇을 만나야 할까요?

세상의 모든 자전거를 움직이는 2의 원리

함께 있으면 외롭지 않습니다. 누군가와 함께 있으면 힘이 생깁니다. 어두운 밤, 혼자 걸어가면 무섭지요. 그러나 누군가와 함께, 친구와 함께, 자신을 지켜줄 사람과 함께 걸어가면 힘이 납니다. 두렵지 않습니다. 그래서 2는 자신만만합니다. 혼자 있다가 둘이 되면 힘이 나는 것은 무엇일까요? 혼자 있으면 제구실을 하지 못하다가 둘이 되어서 자기 역할을 다하는 것은 무엇일까요? 자전거 바퀴가 하나 고장 나면 앞으로 나아가지 못합니다. 젓가락도 한개만 있으면 제 역할을 하지 못합니다. 혼자

데칼코마니처럼 한 쪽은 다른 한 쪽을 품고 있다. 그림자처럼, 분신처럼 2가 되는 반쪽이 따라다닌다.

고흐의 방에는 2가 많다. 베개도 2개, 사진도 2개, 의자도 2개이다. 별이 빛나는 밤, 강가에는 두 사람이 다정하게 손을 잡고 걷고 있다. 2에 담긴 의미는 무엇일까?

있다가 두 사람이 되면 함께 놀이를 할 수 있습니다.

숫자 2가 발휘하는 능력, 그가 사고하는 세계

서로 반대되는 것은 유익하기도 합니다. 서로 다른 것들로부터 훌륭한 조화가 나오기도 합니다. 모든 것은 투쟁을 통해서 태어납니다. 투쟁이란 싸움이기도 하지요. 2는 의심과 분쟁을 낳습니다. 불화와 분열을 낳기도 합니다. 대립이란 곧 변화를 예고합니다. 둘이라는 것은 대칭, 대비, 쌍이나 짝을 이룹니다. 남녀가 만나서 아이가 태어납니다. 차갑고 건조한 공기가 따뜻하고 습기 찬 공기와 만나면 비가 내립니다. 날실과 씨실이 만나는 곳에서 천이 짜입니다.

흰색은 검은색을 위해 존재하며, 검은색은 흰색을 위해 존재한다

이 세상에 존재하는 모든 존재와 성질은 대조와 비교를 통해서 스스로를 드러냅니다. 하나만 있다면, 똑같은 것만 있다면 '저것'이나 '그것'은 발견되지 않습니다. 이것과 저것의 차이를 통해서 그것을 알아차릴 수 있습니다. 2는 두 개, 차이와 구별의 세계를 대표하는 언어입니다.

선과 악, 참과 거짓, 냉온, 승패, 당락, 입력과 출력, 우리와 저들, 이것과 저것, 옳고 그름, 높고 낮음, 인간과 자연, 팽창과 수축, 건설과 파괴, 위와 아래, 육체와 정신, 테제와 안티테제, 웃음과 울음, 영원과 변화, 미덕과 악덕, 유와 무, 기쁨과 절망, 건강과 질병, 많고 적음, 성공과 실패, 피조물과 창조자, 즐거움과 고통, 이익과 손실, 유한과 무한.

이것들은 이중성의 집단입니다. 모든 실체는 자신과 반대되는 것과 마주치게 됩니다. 짝을 이루는 단어들 중 어떤 것도 홀로 존재할 수 없습니다. 각자는 상대편의 의미를 내포하고 있기 때문입니다. 어떤 것을 좋아한다면, 좋아하지 않는 것도 있기 마련입니다. 어떤 것을 선택한다면, 선택받지 못한 것이 반드시 있습니다. 선택한 것은 하나이지만 선택하지 못한 것까지 두 개가 있었습니다.

'모든 작용에 대해 똑같은 크기의 반작용이 존재한다.'(아이작 뉴턴) 어떤 것이 나타나기 위해서는 양극성이 존재해야 합니다. 모든 음악 속에 들어있는 소리는 2(두개)와 관계가 있습니다. 두 개가 부딪쳐야만 소리가 납니다. 모든 악기는 부딪침입니다. 두 개가 만나서 부대끼고 문지르며 두들기는 아우성이 곧 소리입니다.

많은 감정의 배후에
2가 있다

두 갈래 길에서 선택해야 합니다. 2는 선택을 강요합니다. 그래서 갈등과 동요, 고민을 만들어냅니다. 두 개의 세계, 두 개의 욕망, 두 사람의 대립은 긴장과 갈등을 일으킵니다. 의혹과 의심은 곧 누군가 대상이 등장했을 때 시작됩니다. 2는 '타자'를 알아보기 시작할 때, 타자의 힘을 느낄 때 활동을 시작하는 추상적인 관념이자 언어입니다. 2는 '나'와 '너'로 분열하는, 내 안에서 또 다른 '나'를 느끼는 이중성의 언어입니다.

[2의 주변에서는 왜 늘 소리가 날까]

왜 왼발은 오른발을 따라 하는 것일까?

"너 정말 계속 따라 할 거야?"

오늘도 오른발은 왼발에게 화를 냈습니다. 오른발은 왼발이 늘 자신을 따라 하는 '따라쟁이'라고 생각했습니다. 그도 그럴 것이, 오른발이 앞으로 나가고 나면 곧 왼발이 따라 앞으로 나오고, 오른발이 뒤로 가면 머지 않아 왼발도 뒤로 가고는 했거든요. 불쌍한 왼발. 왼발은 그저 자신이 해야 할 일을 한 것 뿐일 텐데 말이죠. 오른발의 구박에도 왼발은 늘 오른발과 함께해야 했습니다. 그러던 어느 날, 왼발은 더 이상 오른발의 구박을 참을 수 없었어요.

"그래, 네가 원한다면 더 이상 따라 하지 않을게!"

왼발은 가만히 멈춰버렸답니다. 그러자 몸이 기우뚱~쿵! 넘어지고 말았습니다. 아이쿠야! 그제야 오른발은 깨달았습니다. 오른발 혼자서는 아무것도 할 수 없다는 것을 말이에요. 오른발은 왼발에게 용서를 빌었습니다.

"왼발아, 정말 미안해 네가 없으면 난 아무것도 할 수가 없어. 화를 풀고 전처럼 나와 함께 움직여주겠니?"

오른발은 지금까지 자신이 2의 피와 정신을 이어받고 있다는 것을 알지 못했던 것입니다.

오른발은 자신의 짝인 왼발과 함께 또 다른 2의 가족을 찾으러 떠났습니다. 가장 처음 만난 2의 가족은 '밤과 낮'이었습니다. 밤과 낮은 사이좋게 하루를 이루며 살고 있었습니다. 밤과 낮은 서로 얼굴을 맞대고 하루도 약속을 어기지 않고 교대하고 있었습니다. 밤과 낮은 서로의 성질이 완전하게 다릅니다. 하지만 서로를 죽이지 않고 관계하며 마치 이어달리기하듯 하루 속에 하나가 되었죠. 2의 정신을 잘 이뤄가고 있었습니다.

오른발은 왼발과 함께 이곳저곳을 다니면서 여러 명의 가족을 만날 수 있었습니다. 2는 여행하는 자였습니다. 모든 움직이는 것, 이동하는 것, 여행하는 것들에는 2가 작동하고 있었습니다.

"난 오른 날개와 왼 날개가 있었기에 이렇게 자유롭게 날 수 있어. 만약 날개가 하나뿐이라면 나는 절대 날지 못할 거야."

새가 말했지요. 위아래, 느림과 빠름, 크고 작음, 덥고 추움, 멀고 가까움 등 서로 사이가 나쁜 것처럼 여겨졌던 것들이 사실은 서로 겨루면서 여행하고 있었습니다. 왼발은 이미 모든 것을 알고 있었다는 듯이 미소를 지었습니다.

"왼발! 너는 어쩜 그렇게 엉큼할 수 있니? 다 알고 있으면서 그렇게

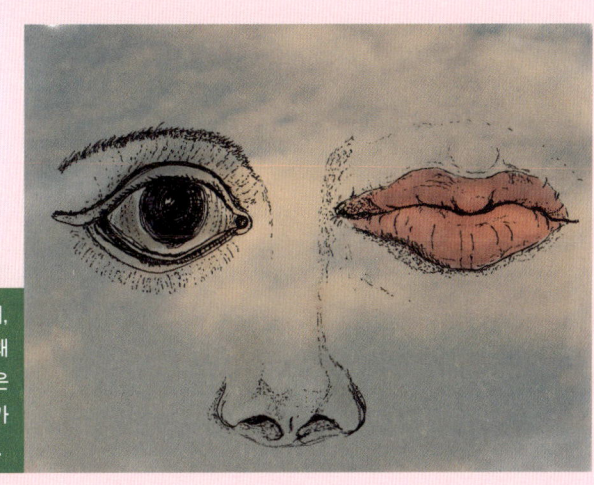

눈도 두 개, 귀도 두 개, 코구멍도 두 개인데 왜 입은 하나일까? 사람은 개수를 보면서 의미와 가치, 그 이유를 생각한다.

모른 척 한 이유가 도대체 뭐야?"

오른발이 왼발에게 물었습니다. 왼발은 과연 모든 것을 알고 있었던 것일까요? 왼발은 종이의 앞면에게 물었습니다.

"종이야, 너는 너에게 뒷면이 있다는 것을 알고 있니?"

종이는 모른다고 대답했습니다. 앞면은 결코 뒷면을 보거나 알지 못합니다. 앞면과 뒷면은 함께 붙어있기 때문이죠. 왼발이 오른발에게 해주고 싶은 이야기는 바로 이것이었습니다. 왼발이 오른발에게 말했답니다.

"오른발! 네가 앞으로 가면 나는 뒤로 가고 네가 뒤로 가면 나는 앞으로 가. 서로 반대로 움직여야 앞으로 또는 뒤로 움직일 수 있는 거야!"

3 가장 힘이 센,
그래서 겸손을 모르는 숫자
3번 부르면 왜 위대해지는 것일까?

3의 정신, 3이 담당하는
묶음은 무엇일까?
3은 무엇을 추상화한 언어일까?

2의 세계는 시작과 끝만 있지만 3의 세계에서는 중간이 있다. 시작과 중간과 끝, 2의 세계에는 앞과 뒤만 있지만 3의 세계에는 '너머'가 있다. 3차원, 공간, 정오, 삼원색, 삼거리, 도전, 극복, 왈츠, 완전함 등 3의 다른 이름들이다.

강력하고 위대해지고
싶다면 3을 부른다

《아기돼지 삼 형제》에서 왜 하필 삼 형제일까요? 옛날이야기와 역사 이야기 속에서 유독 3이 많이 등장합니다. 고구려를 상징하는 새는 다리가 세 개인 '삼족오(三足烏)'이지요. 셰익스피어 작품 중 맥베스에 세

마녀는 늘 3명이 등장한다. 3은 마지막으로 신비함과 비밀스러움을 담고 있었다. 마녀들은 늘 주문을 3번 외우고 3번 예언했다.

명의 마녀가 등장합니다. 만세도 세 번, 박수도 세 번 칩니다. 가위바위보는 3으로 구성되어 있습니다. 3에는 어떤 의미가 담겨있는 것이 분명합니다. 문학작품에 3이 등장하면 어떤 의미가 있는지, 왜 3을 사용했는지 해석해야 합니다. 괴테가 쓴 《파우스트》에서 메피스토는 파우스트가 〈들어오시오〉라고 하자, 〈세 번 말씀하셔야지〉라고 대답합니다. 세 번째 부름은 어떤 효과를 발휘하는 것일까요? 3은 균형과 완성된 힘, 그리고 일체성을 상징합니다. 하나로 통일된 것, 새로운 전체를 의미합니다.

> 물과 밀가루가 불로 결합하여 빵으로 태어난다.
> 남자와 여자가 사랑으로 만나서 아이가 태어난다.
> 연주자가 악기를 연주하면 음악이 만들어진다.
> 조각가가 돌을 만나 조각을 하면 작품이 탄생한다.
> 길이와 넓이에 높이가 주어지면 공간이 탄생한다.

숫자 3이 주관하는 세계, 발휘하는 능력

셋은 완성에 이릅니다. 탄생, 성장, 해체의 리듬이 삼각형의 주기로 움직입니다. 현재에 있는 모든 것은 3의 결과입니다. 이제 또 다른 3을 향해 나아갑니다. 지금 나의 생각이 있습니다. 이 생각은 무엇인가에 도전을 받겠죠? 그리고 그 생각은 도전을 받아 다른 생각으로 변화할 것입니다. 이것이 정(正), 반(反), 합(合)입니다. 어떤 전체를 세 부분으로 나누는 것은 자연스러운 생각입니다.

시작과 중간과 끝, 탄생과 삶과 죽음, 공간의 세 차원(길이, 폭, 높이), 시간(과거, 현재, 미래), 태양의 세 단계(아침, 정오, 저녁)에 맞춘 하루 세 끼 식사, 모든 게임(초반, 중반, 종반), 신호등의 세 주기(초록색, 노란색, 빨간색).

3은 사람들의 세계관, 철학, 문화로 힘을 발휘했다. 1919년 3월1일 독립만세운동은 3월에 일어났으며 33인이 독립선언서를 만들었고 전국에서 만세삼창으로 이어졌다.

사람들은 어떤 일을 시작할 때 '하나, 둘, 셋'으로 시작하고, 만세를 부를 때도 '만세 삼창'합니다. 어떤 일을 시작할 때나 끝낼 때도 우리는 세 동작의 구호로 끝내고, 야구에서도 '삼진 아웃'을 외칩니다. 셋보다 작은 것은 불완전해 보이고, 셋보다 많은 것은 지나쳐 보입니다. 야구는 3의 정신으로 가득한 스포츠입니다. 세 개의 베이스, 세 번의 스트라이크, 세 번의 아웃 등. 스포츠에서는 오직 3등까지만 의미가 있습니다. 금, 은, 동 세 가지 색깔로 성적을 평가합니다.

인간은 공간과 시간에서 3의 원리를 발견하여 추상화한다

공간은 길이, 넓이, 높이로 이루어집니다. 공간의 원리입니다. 공간을 만드는 3의 원리를 알아차렸을 때 인간은 공간을 만들 수 있었습니다. 시간의 정체를 알 수 없습니다. 사람들은 시간에 대해 의문을 가지면서 '과거, 현재, 미래'라는 시간의 일부 모습을 알아차렸습니다. 시간의 모습을 3가지로 언어화했습니다. 모든 존재는 3가지 성질로 비로소 완벽해진다는 사유로 발전합니다. 3은 위대하고 강력하며 완벽해지는 속성을 가진 숫자가 되었습니다.

3이 행복할 때, 슬플 때는 언제일까요? 3이 담고 있는 감정. 3은 가장 단단하고, 견고하며, 강한 수의 특성을 가지고 있습니다. 3은 자신의 특성이 잘 실현될 때, 즉 사람들이 만세 삼창을 할 때, 세상의 모든 지붕이 삼각형을 이룰 때, 이 세상의 모든 산들이 삼각형의 모양을 이룰 때, 행복해할 것입니다. 그리고 3의 특성을 살리지 못할 때, 자신이 더 단단하고 크고 강한데 1, 2보다 뒤에 있을 때 슬픕니다. '이상한 나라의 숫자들'에서 3은 성난, 화난 3으로 등장합니다.

하얀 옷을 입고 세 번
어머니는 너의 침대가로 다가오셨네
그녀는 네가 곤한 잠을 자고 있는 그 곳을
초록색 비단으로 세 번 덮어 주셨네
겨울바람이 세 번 요동친 후
갈란투스와 제비꽃이
너를 침대에서 불러일으키네
달콤하게 애무하며 너에게 물어오네
아직 졸음이 다 달아나지 않았느냐고
삼백 번에 세 번을 더한 만큼
달이 뜨고 해가 떴네
세 번 제피로스의 바람이 다가와
나지막이 자장가를 부르며 네 주위에서 나풀거리네
세 번, 보다 더 강력하게 요동치는
보레아스가 다가와 그에게 물러가라고 명령하네
　　　　　- 프리드리히 뤼케르트《숫자의 비밀》에서 재인용

고구려가 시조새로 삼은 삼족오는 현실에 존재하지 않는 상상의 새이다. 3은 환상을 만들어낼 수 있는, 믿음과 신념을 상상하게 했다.

[3은 왜 위대한 것일까?
3은 과연 겸손할 수 있을까?
3의 이야기]

3번 부르면 왜 위대해지는 것일까?

여긴 어디인가요? 사방이 온통 깜깜하네요. 잠깐. 저게 뭐죠? 번쩍! 갑자기 눈앞이 새하얗게 빛나고 정신을 차려보니, 이럴 수가! 지금 막 세상이 만들어진 것이로군요? 놀란 마음을 가다듬고 주위를 둘러보니 이상한 것들이 마구 떠다닙니다. 어디 보자, 점들이 콩콩거리며 뛰어다니기도 하고, 지렁이같이 생긴 선들이 직선과 곡선을 이루며 하늘을 훨훨 날아다닙니다. 바람을 따라 구불구불 날아가기도, 몸을 곧게 뻗고는 쌩하고 날아가기도 하네요. 아, 세상이 처음 만들어졌을 때 모든 것들은 모양을 가지고 있지 않았나 봅니다. 점과 선들이 아직 몸을 갖지 못했어요. 이처럼 세상의 모든 것들이 아직 몸을 갖지 못한 시대가 있었습니다. 그렇다면 어떻게 해서 사람은 사람의 모습을 가지게 되었을까요? 어떤 마법으로 우리는 지금 몸의 모양을 갖게 되었을까요? 우리도 한때 점으로만, 선으로만 살았던 시절이 있었던 것일까요?

최초로 면적이 생기던 날, 처음으로 몸을 가지게 되던 날, 부피와 넓이라는 것이 처음으로 탄생하던 날은 하늘도 땅도 울었답니다. 너무나 기뻤던 것이지요. 점과 선들만이 가득했던 세상에 의젓하게 넓이와 면적을 가진, 모양다운 몸을 가진 존재가 탄생했으니까 얼마나 감격스러웠겠어요. 그런데 어떻게 해서 넓이를 가진 존재, 눈으로 볼 수 있는 것들이 만들어졌을까요? 마법 같은 일이었어요. 거의 불가능했다니까요? 점과 선들이

수학언어에서 대표적인 3의 정신을 발휘하는 것이 피타고라스의 정리다. 직선으로 이루어지는 최초의 면이 바로 삼각형이다. 삼각형에서 면과 각, 기하학의 원리를 깨달았다.

서로 어울려 놀다가 우연히 점 세 개가 3개의 선으로 연결되는 순간, 그 역사적인 순간에 면이, 넓이가 만들어졌어요. 위대한 순간이었답니다. 꼭짓점 3개와 선 3개가 서로 떨어지지 않고 이어지면 삼각형이라는 최초의 면이, 넓이가 만들어집니다. 너무 단단해서 어느 곳 하나 빠져나갈 수 없는 완벽한 내면의 공간이 만들어지지요.

점과 선들의 소원이 무엇이었겠어요? 점과 선들은 불완전한 그 무언가에 늘 목말라 했습니다. 점은 이어지고자 했고 선들은 더욱 뻗어 나가고 연결되고자 했습니다. 이렇게 흐물거릴 것이 아니라, 단단한 몸을 가지고 싶어 했지요. 새로운 차원이 되기를 원했어요. 그런데 그 순간 점과 선이 부족했던 것, 점과 선에서 결핍되었던 것이 완성된 것입니다. 3개의 점과 3개의 선이 삼각형을 만들어내면서 점과 선이 바랐던 것을 완벽하게 이루어냈던 것이지요. 3의 힘으로, 3의 마법으로 모든 것들이 자신의 몸, 자신의 형상을 갖게 되었습니다. 자신의 존재감, 정체성을 드러낼 수 있게 됐어요. 그리고 우리들의 눈이 호강하게 되었습니다. 모양, 형태가 없다면 어찌 눈으로 볼 수 있었겠습니까. 3이 발휘하는 힘은 단단한 구조, 자신의 몸을 이룰 수 있는 짜임새, 부서지지 않는 통일성을 이루게 하지요.

　3으로 이루어진 것들은 거의 패배하지 않는답니다. 축배의 현장에는 늘 3번의 소리가 울려 퍼집니다. 승리와 성공의 자리는 늘 3이 차지합니다. 그래서 3의 주위에는 늘 질투와 시기가 어슬렁거리고 있지요. 3은 과연 겸손할 수 있을까요?

4 봄 여름 가을 겨울: 사각형의 비밀
중국의 한자를 만든 창힐은 왜 눈이 4개였을까?

4는 머릿속에서 어떤 생각을 만들어낼까?

봄·여름·가을·겨울로 1년 동안 계절의 질서를 생각(사고)합니다.

신과 자연은 4각형을 만들지 않았다. 4각형은 인간이 만든 세상이다. 최초의 사각형은 인간의 생각, 머릿속에서 만들어졌다. 4가 활동하여 만든 기하학적 관념이 바로 4각형이다.

4에 소속되어 있는 대표적인 세계는 '질서'입니다. 4는 질서를 발견하게 하고 생각하게 하며, 질서를 떠오르게 하는 개념입니다. 4의 다른 이름들은 질서, 규칙, 안정, 편안함, 믿음과 신념, 고정관념, 주류, 패러다임 등입니다.

사각형, 숫자 4의 꿈과 희망

네모의 꿈/유영석

네모난 침대에서 일어나 눈을 떠보면 네모난 창문으로 보이는 똑같은 풍경.
네모난 문을 열고 네모난 테이블에 앉아 네모난 조간신문 본 뒤.
네모난 책가방에 네모난 책들을 넣고 네모난 버스를 타고 네모난 건물지나
네모난 학교에 들어서면 또 네모난 교실, 네모난 칠판과 책상들.

네모난 오디오, 네모난 컴퓨터, TV.
네모난 달력에 그려진 똑같은 하루를 의식도 못 한 채로 그냥 숨만 쉬고 있는걸.

주위를 둘러보면 모두 네모난 것들뿐인데
우린 언제나 듣지. 잘난 어른의 멋진 이 말
"세상은 둥글게 살아야 해"
지구본을 보면 우리 사는 지구는 둥근데
부속품들은 왜 다 온통 네모난 건지 몰라.
어쩌면 그건 네모의 꿈일지 몰라.

네모난 아버지의 지갑엔 네모난 지폐.
네모난 팸플릿에 그려진 네모난 학원
네모난 마루에 걸려있는 네모난 액자와 네모난 명함의 이름들.
네모난 스피커 위에 놓인 네모난 테이프.
네모난 책장에 꽂혀있는 네모난 사전
네모난 서랍 속에 쌓여있는 네모난 편지.
이젠 네모 같은 추억들.

네모난 태극기 하늘 높이 펄럭이고
네모난 잡지에 그려진 이달의 운수는
희망 없는 나에게 그나마의 기쁨인가 봐.

네모, 사각형의 꿈은 무엇일까?

사람만이 사각형을 만듭니다. 반듯한 네모를 만드는 것입니다. 자연은, 동물들은 사각형을 만들지 않습니다. '네모의 꿈'은 과연 무엇일까요? 다른 모양으로 변하는 것일까요? 네모가, 사각형이 다른 모양으로 변한다면 어떻게 될까요? 자신의 모습이 변화하는 것, 자신의 정체성을 잃게 되는 것은 아닐까요? 네모의 꿈은 혹시 더욱 강고한, 견고한 네모가 되는 것은 아닐까요? 흔들리지 않는 네모가 되는 것은 아닐까요? 또 네모의 꿈은 혹시 아주 넓은 네모가 되는 것은 아닐까요? 네모의 크기에 따라 그 네모 속에 담긴 규칙과 질서는 달라집니다. 이 세상에서 가장 넓은 네모가 되는 것, 그래서 너무나 넓어서 네모의 직선이 보이지 않는 네모가 되는 것이 네모의 꿈은 아닐까요? 그래서 사람들이 네모인지 동그라미인지 알지 못하고 살아가는 사회가 바로 네모의 꿈은 아닐까요?

온통 4각형, 직선으로 만들어진 공간이다. 인간은 4각형의 제국을 건설했다. 왜 거의 모든 공간을 4각형으로 만들었을까?

    인류가 이룩한 문명은 사각형의 문명입니다. 인간은 세계를 사각형으로 만들었습니다. '축구 경기장은 왜 하필 4각형일까?' '바둑판과 체스판은 왜 4각형으로 생겼을까?' 그러고 보니 대부분 운동경기장은 4각형으로 되어 있습니다. 복싱 경기장, 테니스 경기장, 농구 경기장 등등. 책, 그림들, 사진, 방, 책상, 침대, 종이돈, 신분증, 편지와 메모지, 태극기, 교실, 컴퓨터, 달력, 버스, 건물, 아파트, 길, 계단, 티켓, 카드, 버스, 휴대전화. 인간이 만든 거의 모든 것이 사각형입니다.

    조지 오웰의 《1984》에서 진리부의 윈스턴 스미스는 외칩니다. "자유란 2 더하기 2가 4라고 말할 수 있는 자유다. 만약 그 자유가 보장되면 다른 모든 것도 따라온다." 도스토옙스키가 1864년에 발표한 소설 《지하에서 쓴 수기》에도 4가 등장합니다. "세상에! 도표와 산술 앞에서,

2×2=4라는 명백한 수식 앞에서, 인간의 자유의지가 무슨 소용이 있는가? 2×2=4는 나의 의지와는 상관이 없다. 마치 그런 게 자유의지라는 듯이!"

숫자 4, 사각형이 만들어내는 감정은 무엇일까.

사각형은 편안한 안정감을 줍니다. 사각형이 만들어내는 감정입니다. 또한, 사각형은 완성된 상태, 무엇이든 할 수 있는 능력과 조건이 갖추어진 상태를 의미합니다. 고대 사람들은 자연 속에서 숫자 4나 사각형의 특성을 경험했습니다. 자신을 중심으로 방향이 4개(동서남북)로 이루어져 있음을 발견했습니다. 논과 밭을 이루는 땅의 경계가 구불어지지 않고 4각형으로 이루어져 있을 때 효율적이고 편리하게 농사를 지을 수 있음을 발견했습니다.

그리스의 플라톤은 이 세계의 모든 것들이 정사면체, 정팔면체, 정이십면체, 정육면체로 구성되어 있다고 생각했습니다. 플라톤은 4개의 다면체가 우주의 4원소인 '흙·물·공기·불'을 상징한다고 여겼습니다. 고대 사람들은 이 세상의 모든 것들이 불, 공기, 물, 흙 등 4대 원소로 구성되어 있다고 믿었습니다. 사상체질을 주장한 이제마는 사람의 체질을 태양인, 태음인, 소양인, 소음인의 4가지 체질로 구분했으며, 중세사회에서는 성직자, 기사, 시민, 농민 등 4대 계급으로, 인도의 카스트제도에서도 브라만(머리), 크샤트리아(팔), 바이샤(배), 수드라(발) 등 4대 계급으로 나누었습니다. 4는 동서남북 네 방향을 동시에 뜻하므로 완벽한 숫자로 생각했습니다.

왜 하필 40명일까?
40에 담긴 의미

아라비안나이트에 '알리바바와 40인의 도둑'이라는 이야기가 등장합니다. 왜 하필 도둑이 40명일까요? 진짜 딱 40명이었을까요? 이런 의문이 드는 것은 '40'이라는 숫자가 성경에 유난히 많이 등장하기 때문입니다. 창세기에서 노아의 홍수가 40일 동안 내립니다. 모세가 십계명을 받기 위해 시나이산에서 40일 동안 신을 기다립니다. 예수가 광야에서 40일 동안 사탄과 싸우고, 십자가 형벌을 당한 뒤 부활하여 다시 땅으로 돌아와 40일 머문 뒤 승천합니다. 모세가 이집트에서 탈출한 후 40년 뒤에 가나안땅에 들어가고, 골리앗은 40일 동안 이스라엘군대를 괴롭히며 사울, 다윗, 솔로몬은 각각 40년 동안 왕으로 있습니다. 이슬람의 창시자인 마호메트는 40세에 동굴에서 천사 지브릴(가브리엘)을 만나 40일 동안 이야기를 들었습니다. 이때 들은 이야기를 글로 쓴 것이 이슬람의 경전 코란입니다. 숫자 '40'은 분명 어떤 의미가 있는 듯 합니다. 어떤 의미일까요?

성경학자들이나 신화연구자들은 '40'이라는 숫자의 의미를 '많다', '오랫동안', '완성되다' 등 여러 가지로 해석합니다. 그렇다면 '알리바바와 40인의 도둑'은 딱 40명이 아니라 '알리바바와 떼도둑들'이라고 해석할 수 있지요. 숫자 40이 딱 40명만을 가리키는 것이 아니라 어떤 의미를 담고 있다는 것입니다. 숫자는 단지 몇 개를 나타내는, 계산하는 도구가 아니라 어떤 의미가 있습니다. 이런 점에서 숫자는 의미를 담고 있는 언어입니다.

근대사회는 사각형을
왜 좋아하는 것일까?

근대사회에 사각형은 더욱 더 많이 등장합니다. 그리고 많은 도구들이 사각형으로 만들어졌습니다. 즉 우리의 눈은 동그랗지만, 세상을 바라보는 눈은 사각형이 되었습니다. 질서 있고, 체계적이며, 안정적인 것은 사각형의 네모 안에 자리잡았습니다. 사각형의 세계는 규범적이며, 사회에서 인정된 것, 법으로 지켜진 것을 의미합니다. 일탈적이거나 사회 속에서 비주류적인 것, 범죄적인 것, 이상한 것은 사각형 안에서 벗어난 것을 의미하게 되었습니다.

축구 경기장에서 축구공이 경기장 밖으로 나가면 경기를 중단하고 그 축구공을 경기장 안으로 던져 다시 경기를 시작합니다. 4각형의 세계는 인간의 삶, 생활이 이루어지는 사회를 의미하기도 합니다. 경기장과 사회가 같은 이미지를 갖는 것이지요. 경기장에는 게임에서 지켜야 할 규칙이 있습니다. 이 규칙을 지키지 않으면 경기장 밖으로 쫓겨나며 퇴장당합니다. 그러므로 사각형의 세계는 질서와 선택, 인정과 주류, 규범의 세계라고 볼 수 있습니다. 사각형의 세계, 규칙이 가장 중요한 세계, 질서가 강조되는 사회, 아마도 사각형이 가장 많은 곳은 군대일 것입니다. 군대는 명령, 규칙, 질서, 열, 통일 등이 강력한 힘을 발휘하는 사회집단입니다. 군대에서는 예외와 개성이 존중되지 않습니다. 사각형만이 존재하는 세계입니다.

사각형이 만들어낸 의식,
생각은 무엇일까?

우리의 눈, 우리의 의식, 우리의 관심사는 사각형에 익숙해져 있습니다. 우리는 오랫동안 사각형에 길들어 네모의 의식을 갖고 있는 것은 아닐까요? 그림을 볼 때 사각형 안에 있는 그림만을 봅니다. 사각형 밖에 있는 것들은 보이지 않습니다. 사각형 안에 선택된 것들만 생각하도록 길들어 있습니다.

조선 시대의 사각형, 즉 조선 시대에 지배적인 질서가 있으며, 사각형 안에 들어갔던 사람들이 있습니다. 그리고 사각형 안에 들어가지 못했던 사람들, 잘린 사람들, 배척당한 사람들, 비주류로서 아웃사이더로서 살아갔던 사람들이 있습니다. 역사 속에는 시대마다 사각형이 있어서 그 사각형 안에 들어가서, 사회로부터 인정받으며 살았던 사람들이 있었습니다. 사각형 안에 들어가지 못하고 슬픔에 젖어 살았던 사람들, 생각들, 주장들이 있었습니다.

중세사회에서 마녀로 처단당하고 배척당했던 사람들, 갈릴레오보다 앞서서 지동설을 주장해서 화형을 당했던 브루너. 대부분 사회의 모든 분야에서 새로운 사상, 새로운 사조, 새로운 주장을 했던 사람들, 즉 너무 빨리 온 사람들은 모두 그 시대의 사각형 안에 들어가지 못했습니다. 그리고 그들은 결국 시대가 지나서야 사각형 안에 들어갈 수 있었어요. 우리 역사 속에서도 동학의 전봉준은 오랫동안 역적이고 반역자였지만 지금은 역사책 속에서 위인으로 존경받는 인물이 되었습니다. 전봉준은 지금 시대의 사각형 안에 들어간 것입니다.

내가 가지고 있는 사각형, 4의 개념은 무엇일까?

모든 사람이 각자의 사각형을 가지고 있습니다. 정상과 비정상, 좋아하는 것과 좋아하지 않는 것, 가지고 싶어 하는 것과 배척하는 것, 자신의 사각형을 갖고서 자신에게 다가오는 것을 재단하지요. 자신의 사각형을 어떻게 키울까요? 자신의 사각형 밖에서, 자신의 사각형 안으로 들어오지 못하고 잘려서, 슬퍼하며 웅크리고 떨고 있는 것들은 과연 없을까요? 역사 속에서 사각형을 좋아했던 사람들은 사회 속에서 중심이 되었던 사람들입니다. 그들은 항상 4각형의 도시, 사거리의 중심에 궁궐을 짓고, 사각형의 왕궁에서 살았습니다. 즉 지배자들은 질서가 잡힌 상태를 4각형의 상태라고 믿었으며, 사각형 안에서 모든 것이 이루어지기를 희망했습니다. 사각형은 어떤 빛깔과 어울릴까요? 사각형은 질서와 안정을 의미하므로 빛깔 속에서 하얀색, 검은색, 녹색, 회색 등과 친합니다. 사각형은 발랄하기보다는 단정하고, 움직임보다는 정지해 있는 느낌을 줍니다. 사각형과 닮은 노래는 애국가, 교가, 행진곡, 가곡, 궁중음악, 정가 등입니다.

4와 사각형은 어떤 의식의 원형, 추상적 사고의 바탕이 되는 것일까?

우리의 의식과 무의식의 내부에 원형이 자리잡고 있다고 주장한 칼 구스타프 융은 인간의 유형을 4가지로 정리했습니다. 사고 유형, 감정(지각) 유형, 감각 유형, 직관 유형 등입니다. 이 4가지 유형에 외향적, 내향적인 성향을 결합하여 총 16가지 심리학적 유형으로 정리한 것이 MBTI입니다. 4와 사각형은 의식과 관념, 문화에서 추상화된 원형으로 작용합니다. 인간이 만든 건축물은 대부분 사각형으로 세워졌습니다. 기독교의 십자가는 네 방향으로 뻗어 있습니다. 네잎 클로버는 행운을 상징합니다.

봄 여름 가을 겨울,
사계절의 발견은
추상적 사고의 상징이다

1년을 봄여름가을겨울, 사계절로 이름 지었습니다. 농경생활, 정착생활의 경험이 축적되어 1년 동안 반복되는 계절의 변화를 사고하게 되었습니다. 반복되는 날씨의 변화, 땅과 자연의 변화 속에서 리듬을 찾아내어 일정한 기간의 특성에 이름을 붙였습니다. 봄여름가을겨울은 계절의 변화를 추상화하여 시간의 흐름과 공간의 변화를 4계절로 표현한 것입니다. 꼭 사계절로 나누어야만 했을까요?

[4의 탄생에 얽힌 이야기
왜 눈이 4개여야만 언어를 만들 수 있을까?]

중국의 한자를 만든 창힐은 왜 눈이 4개였을까?

창힐은 똑똑한 아이였습니다. 하지만 친구가 없었어요. 창힐은 태어날 때부터 눈이 4개였거든요. 아이들의 따돌림 속에 창힐은 늘 혼자였습니다. 다른 아이들은 창힐과 함께 놀아주지 않았어요.

"저리 가! 눈 4개 달린 괴물아!"

창힐은 너무나도 슬펐어요. 하지만 그런 창힐에게도 한 명의 친구가 있었답니다. 향이라는 미소가 참 예쁜 친구였어요. 향이는 불행히도 말을

한자를 만든 창힐은 왜 눈이 4개였을까? 문자를 발명하려면 왜 눈이 4개 필요할까? 창힐의 눈에 4의 관념, 4의 정신이 들어있다. 4가 발휘하는 능력은 무엇일까?

하지 못했습니다. 아주 어릴 때 병에 걸려 그 후유증으로 말을 잃어버렸거든요. 향이는 조용히 창힐을 바라보면서 가끔 손짓으로 창힐을 위로했습니다. 향이의 미소는 창힐에게 열심히 살아갈 힘이 되었습니다.

창힐에게는 소원이 하나 있었습니다. '향이의 마음을 사라지지 않도록 담아둘 수 있다면 얼마나 좋을까? 말을 하지 못하는 향이의 마음을 어떻게 볼 수 있게 할 수 있을까?' 똑똑한 창힐은 매일 밤 기도하며 생각하고 또 생각했습니다. 사실 눈이 4개였던 창힐은 보통사람이 갖지 못했던 능력을 가지고 있었답니다. 창힐은 4개의 눈으로 동서남북 사방을 한 번에 볼 수 있었습니다. 이게 무슨 말이냐고요? 그러니까 창힐은 자신의 뒷모습까지도 볼 수 있었던 것이에요! 첫 번째 눈은 멀리 있는 것과 큰 것을 볼 수 있는 눈이었습니다. 두 번째 눈은 아주 가까운 것과 작은 것을 볼 수 있는 눈이었습니다. 세 번째 눈은 모양과 형태가 없는 것을 볼 수 있는 눈이었습니다. 예를 들면 사람의 마음 말이에요. 창힐은 마음처럼 눈에 보이지 않는 것도 볼 수 있었답니다. 네 번째 눈은 빛이 없는 곳에서도 모든 것을 볼 수 있는 눈이었습니다.

향이의 마음은 눈에 보이지 않았습니다. 하지만 눈이 4개인 창힐은 볼 수 있었지요. '눈에 보이지 않는 향이의 예쁜 마음을 어떻게 하면 다른 아이들도 볼 수 있게 만들 수 있을까?' 창힐은 오랫동안 생각하고 연구했습니다.

'아! 그렇구나. 눈에 보이지 않는 것을 담을 수 있는 틀, 구조, 그릇을 만들면 되겠구나!'

그렇게 창힐은 글자(한자)를 만들어냈습니다. 창힐이 만들어 낸 한자는 사각형의 틀 안에서 여러 가지 모양과 형상으로 만들어졌습니다. 향이는 이제 문자, 글자에 자신의 생각과 마음을 담아서 나타낼 수 있습니다. 처음엔 땅에 글자를 썼습니다. 그리고 다음엔 사각형의 빈 종이에 가지런히 질서 있게 글로 자기 생각과 마음을 담았습니다.

창힐이 가진 4개의 눈은 질서, 규칙, 틀을 만드는 능력을 발휘했답니다. 창힐이 한자, 문자를 만든 뒤로 사람들은 창힐에게서 지혜를 배웠어요. 그러고는 휴식을 취하고 안정감을 얻는 방을 사각형으로 만들고, 책, 책상, 논밭도 사각형으로 만들었답니다. 향이는 창힐이 만들어준 사각형의 종이에 그림을 그리고 시를 쓰는 작가가 되어 창힐의 이름이 오랫동안 기억되도록 했지요.

5 손가락은 왜 다섯 개일까?: 지구를 지키는 독수리 5형제
세상에서 가장 사이 좋고 재주 많은 다섯 형제를 아시나요?

5가 만들어내는 생각들

5가 불러오는 생각은 '균형'과 '조화'입니다. 손가락이 다섯 개인 이유는 손가락마다 힘이 적절하게 작용하여 물건을 잘 쥘 수 있도록 하는

손가락 5개는 완벽하게 세계를 움켜 잡는다. 손가락이 없거나 부실한 동물들은 세계를 마음대로 조작하지 못한다.

것입니다. 균형과 조화가 필요한 곳에 5라는 개념이 생각의 그림을 그려 줍니다. 5의 형상은 오각형입니다. 하늘의 별을 다섯 개의 뿔이 있는 오각 형으로 그리는 이유는 별을 완벽한 존재로 상상했기 때문은 아닐까요?

자연과 문화속에서 발견하는 5와 오각형

왜 다윗은 골리앗에 대항할 때 다섯 개의 돌만으로 싸웠을까요? 별의 모양은 왜 다섯 꼭짓점을 가진 모양으로 그려질까요? 파우스트는 악마를 쫓기 위해 왜 펜타그램(별모양의 오각형)을 그렸을까요? 미국 국방 성의 건물인 펜타곤은 왜 오각형일까요? 식물의 모든 잎은 오각형을 잡아 늘이거나 오각형을 변형시킨 모양입니다. 먹을 수 있는 과일의 꽃은 꽃잎이 대부분 다섯 장입니다. 국악에서 사용하는 음계는 궁, 상, 각, 치, 우 등 5음계입니다. 오감은 시각, 청각, 후각, 미각, 촉각의 다섯 감각입니다. 사람은 신맛, 쓴맛, 단맛, 짠맛, 감칠맛의 5가지 맛을 느낄 수 있습니다. 오곡은 쌀, 보리, 콩, 조, 기장의 다섯 곡식을 말합니다. 한국에서는 정월 대보름에 오곡밥을 지어 먹는 풍습이 있어요. 한의학에서 오장은 간장(간), 심장(염통), 비장(지라), 폐(허파), 신장(콩팥)을 말합니다. 우리는 별을 오각형, 오각뿔로 그립니다.

손가락은 왜 다섯 개일까?

사람의 손가락은 왜 다섯 개일까요? 양서류, 파충류, 조류, 포유 류에 속하는 많은 동물은 발가락이 5개입니다. 왜 손가락, 발가락은 다섯 개로 진화했을까요? 손가락의 역할은 물건, 도구를 제대로 쥐고 잡는 것

5명이 춤을 춘다. 벌거벗은, 자연적 존재들이 서로 손을 잡고 춤을 춘다. 마티스는 왜 5명으로 그렸을까? 5에 담긴 의미와 관념은 무엇일까?

입니다. 빠트리지 않고 꽉 잡아서 놓치지 않고 잘 다룰 수 있어야 합니다. 오랜 세월동안 사람의 몸은 변화했습니다. 모든 자연이 오랜 세월 동안 생존에 유리한 것들이 살아남아 효율적이며 효과적인 방향으로 변화했습니다. 고래의 조상은 오래전에 육지에서 살았지만 삶의 터전을 바다로 선택한 이후 고래의 발은 바다에서 헤엄치기 쉬운 지느러미 모양으로 변화했습니다. 오리들의 발은 수영을 잘할 수 있도록 물갈퀴 모양으로 변화했지요. 사람의 손도 마찬가지입니다. 손가락이 다섯 개일 때 물건을 완벽하게 쥘 수 있게 되었습니다.

우리의 손은 엄지, 검지, 약지 등 각기 그 크기가 다릅니다. 다섯 손가락 중에서 으뜸 손가락은 엄지손가락입니다. 손으로 물건을 쥘 때 엄지손가락은 결정적 역할을 합니다. 길이가 다른 다섯 손가락은 여러 가지

도구, 물건을 쥐는데 편리하도록 만들어졌습니다. 손가락 끝에 손톱이 있는 것도 손가락의 힘을 적절히 사용할 수 있도록 받쳐주는 역할을 합니다. 다섯 개의 발가락은 몸의 체중을 단단히 받쳐서 넘어지지 않도록 합니다. 발가락은 힘을 균형 있게, 넘어지지 않게, 한쪽으로 쏠리지 않게 분산하여 뒷받침해 줍니다. 다섯 개의 손가락과 발가락이 발휘하는 능력은 바로 '균형'입니다.

지구를 지키는 독수리는 왜 5형제일까요?

숫자 5가 발휘하는 능력은 완전한 균형입니다. 완벽하게 한 손 안에 잡을 수 있는 조화의 힘입니다. 그것은 곧 질서의 힘이기도 하지요. 동양에서 5는 특히 중요했습니다. 중국과 동양의 주역에서는 목,화,토,금,수 오행으로 세계를 이해했습니다. 주식으로 먹는 곡식을 다섯 가지로 분류합니다. 한국에서 오곡은 쌀, 보리, 콩, 조, 기장 등입니다. 공자는 인간의 공동체적 삶을 구성하는 기본적인 관계를 다섯 가지로 정리했습니다. 아버지와 아들의 관계, 남편과 아내의 부부관계, 노인과 젊은이의 관계, 친구와의 관계, 임금과 신하의 관계 등. 오래전 불교국가였던 신라는 화랑에게 지켜야 할 것으로 세속오계를 만들었습니다. 5와 오각형으로 모아지는 관념들은 무엇일까요? 균형이란 무너지지 않는 것입니다. 완벽하게 균형을 이루는 것은 조화로우면 굳건합니다. 부족함과 결핍이 없는 상태를 유지하기 위해서는 5의 힘이 필요합니다.

왜 별의 모양을

오각뿔로 그릴까?

대부분 나라에서 별을 오각뿔, 오각형으로 그립니다. 왜 별 모양은 오각뿔, 오각형이 되었을까요? 하늘에 보이는 별은 분명 둥근 모습인데, 사람들은 별 모양을 오각뿔로 그립니다. 보이는대로 별모양을 그린 것이 아니라 생각으로 그린 것입니다. 맨 처음 별 모양을 오각뿔로 그린 사람은 그리스의 철학자이며 수학자였던 피타고라스였다고 합니다. 피타고라스는 우주를 가장 조화로운 것으로 생각해서 코스모스(Cosmos)라는 단어로 표현했습니다. 우주에 떠 있는 별 또한 완벽한 조화를 이룬 존재라고 생각했습니다. 피타고라스는 가장 완벽한 도형을 오각형이라고 생각했습니다. 오각형 속에서 황금분할비율(1:1.618)을 발견했던 것입니다. 그래서 황금비율을 담고 있는 오각형, 오각뿔로 별 모양을 그렸다고 합니다.

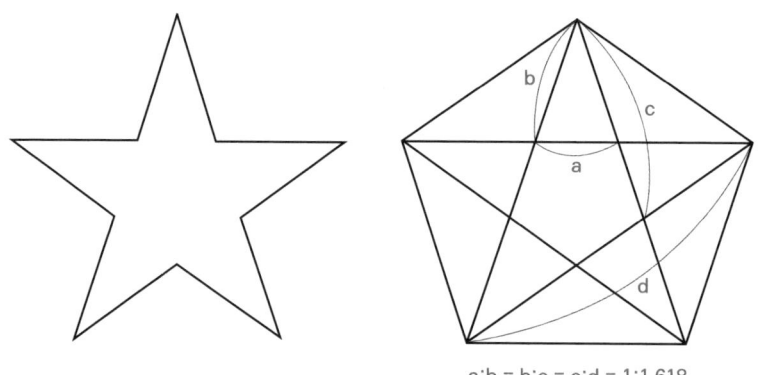

a:b = b:c = c:d = 1:1.618

다섯 개와 5,
오각형은 어떻게 '믿음직함'이라는
의미를 갖게 되었을까?

사람들은 날마다 5개의 손가락, 5개의 발가락을 봅니다. 다섯 개의 손가락으로 수만가지 일들을 해냅니다. 손가락은 재주많은 형제들입니다. 식물의 잎에서 오각형을 봅니다. 자연속에서 5와 오각형의 닮음꼴을 발견하고 체험합니다. 다섯 개의 묶음속에서, 오각형의 형태속에서 균형과 조화라는 특성을 추상하면서 건져냅니다. 자연 속에서, 생활 속에서 5의 성질을 체험하면서 5와 오각형은 상징언어로 사용됩니다.

[5가 발휘하는 초능력 이야기
세상을 사로잡기 위한 손가락의 비밀]

세상에서 가장 사이가 좋고 재주 많은 다섯 형제를 아시나요?

사냥꾼의 신 아르테미스를 알고 있나요? 사냥꾼에게는 활과 창을 잘 던지는 것이 가장 중요하답니다. 사랑의 신 큐피드는 아폴론과 다프네에게 화살을 쏩니다. 큐피트의 화살을 맞은 사람은 곧 사랑에 빠지고 말지요. 대장간의 신, 철로 무엇이든지 만들 수 있었던 헤파이스토스는 망치질을 잘하는 능력을 가지고 있었습니다. 그리스 신 중에서 가장 못생겼던 헤파이스토스는 이 망치질로 쇠를 두드리며 가장 멋있고 잘생긴 무기

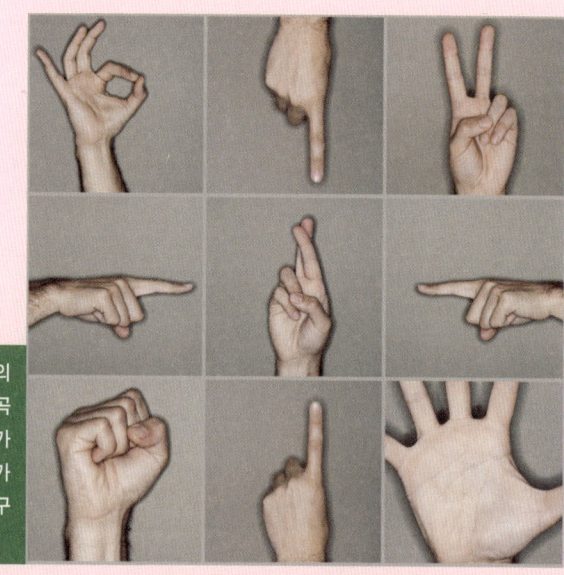

손은 마술사이다. 다섯 개의 손가락은 마술을 부리는 곡예사들이다. 다섯 개의 손가락으로 5진법, 10개의 손가락으로 10진법의 언어를 구사한다.

와 도구들을 만들었습니다. 그리고는 가장 아름다운 여신인 아프로디테와 결혼했지요. 가장 못생긴 헤파이스토스는 두 가지 보물을 손에 넣었습니다.

사냥꾼의 신 아르테미스는 자신의 화살로 짐승을 잡습니다. 큐피드는 자신의 화살로 사람의 마음을 사로잡지요. 헤파이스토스는 망치를 쥐고 망치질을 하며 세상을 붙잡습니다. 신들을 무언가를 사로잡거나 붙잡아서 자신의 것으로 만드는 능력을 가지고 있습니다. 크로노스는 시간을 사로잡을 수 있었죠. 아름다움의 신 아프로디테는 황금사과를 손에 넣었습니다. 아폴론은 음악으로 세계를 사로잡았고요.

화살을 쏘는 것, 망치를 두드리는 것, 악기를 연주하는 것, 사과를 잡는 것 모두 다섯 손가락의 힘으로만 가능해요. 만약 손가락이 다섯 개가 아니라면 화살을 잘 조준하는 것도, 악기를 연주하는 것도, 사과를 놓치지 않도록 잘 쥐고 있는 것도 못 하게 되겠지요? 신들은 모두 다섯 손가락의 능력을 가지고 있었군요. 이것이 '사로잡는다'라는 것의 비밀이랍니다. 무엇인가를 붙잡기 위해서, 떨어뜨리지 않도록 단단하게 사로잡아 나의 세계로 만들기 위해서 반드시 가져야 할 다섯 번의 포옹. 다섯 각도와 다섯 번의 매듭은 완벽한 균형의 포박을 의미합니다. 빠져나갈 수 없도록 묶으려면 매듭을 다섯 번은 지어야 하거든요.

신들이 가장 후회했던 것은 인간에게 다섯 손가락을 주었다는 것입니다. 다섯 손가락은 인간에게 세계를 붙잡고 사로잡을 수 있는 힘을 주었어요. 인간은 영악하게도 다섯 손가락과 함께 다섯 가지 감각 즉 오감을 가지고 있습니다. 시각, 청각, 후각, 촉각, 미각이지요. 인간은 이 오감으로 다섯 개의 세상을 조화롭게 보고 느낄 수 있습니다. 신들과 함께 살던 시대에 인간들은 다섯 가지 곡식, 즉 쌀, 보리, 콩, 조, 기장으로 오곡밥을 지어 먹었지요. 5는 참 단단하고 균형 있는 숫자이군요. 여러분이 알고 있는 5의 또 다른 능력이, 비밀이 있나요?

6 꿀벌들은 왜 6각형으로 집을 지을까?
눈송이는 왜 육각형 모양으로 만들어지는 것일까?

6은 어떤 생각이
뭉쳐진 숫자일까?

마티스는 6개의 이카루스 별을 그렸다. 이카루스는 별을 향해 날아갔지만, 끝내 별에 이르지 못하고 추락했다. 단지 그는 6개의 별 속에 둘러싸여 있었을 뿐이다.

6이 보이지 않게 불러내는 생각은 '완성'입니다. 창세기의 저자는, 신은 6일 동안 세계의 모든 것을 창조했다고 알려줍니다. 6일 동안 열심히 일했기 때문에 7일째 되는 날은 쉬는 날이 되었습니다. 6은 하나로 완결되는 완성입니다. 6으로 가장 좋은 최초의 구조가 완성됩니다.

자연속에서 활동하는 숫자 6, 육각형의 힘: 꿀벌들은 왜 6각형으로 집을 지을까?

자연이 보여주는 대표적인 6은 여섯 개의 다리를 가지고 물 위를 걸어 다니는 곤충들입니다. 소금쟁이는 다리를 서로 교대로 들어 올려 물의 표면 장력을 이용해 마치 그물 위를 걷듯이 물 위를 걸어 다닙니다. 다리를 6개나 가져야 물 위를 걸을 수 있는 것일까요? 곤충은 몸이 머리, 가슴, 배로 나뉘고 다리가 6개인 생물입니다. 다리 6개를 가져야만 곤충이 될 수 있습니다. 곤충은 6의 능력, 여섯 개의 힘을 가장 많이 가지고 살아가는 동물입니다. 6의 정신, 육각형의 힘을 발휘하는 또 다른 동물은 바로 벌입니다. 벌들은 자신들의 공간을 치밀한 육각형으로 짓습니다. 쉽게 무너지지 않는 집을 짓고자 노력하는 벌들. 힘들이 균형 있게 서로 받쳐주고 공간을 가장 효율적으로 사용할 수 있는 육각형의 비밀을 벌들은 알고 있는 것일까요? 겨울에 하늘에서 내리는 눈송이 결정 모양은 육각형입니다. 육각형의 눈들이 세상을 덮습니다. 왜 눈들은 자신의 모양으로 육각형 닮은꼴을 선택했을까요? 물과 탄소의 결정 모양도 육각형의 닮은꼴입니다. 연필로 쓴 글씨와 그림은 육각형 모양의 흑연 결정들이 하나씩 미끄러져 나와 써집니다.

사람이 만든 6과 여섯 개, 육각형의 힘

6은 여섯 개의 묶음이며 그 모양의 하나는 육각형입니다. 인류는 시간을 표시하는데 6을 사용했습니다. 1시간은 60분이며 1분은 60초로 구성되는 60진법을 사용한 것입니다. 왜 하필 1시간과 1분을 60진법으로 만들었을까요? 하루 24시간은 6의 배수입니다. 하루를 24시간으로 만든 것부터 6의 사유가 들어가 있습니다. 6의 배수인 12시간을 낮의 시간으로, 밤의 시간으로 12시간을 배정했습니다. 또한 일년을 12달로 정한 것도 6으로부터 출발한 것입니다. 고대 씨족사회의 신화에는 여섯 부족의 이야기가 자주 등장합니다. 신라는 여섯 부족이 박혁거세를 왕으로 만들면서 시작되었습니다. 실제 여섯 부족이 아니라 모든 부족의 상징으로 여섯 부족 또는 12부족이 사용되었을 것입니다.

철판, 나무 등 고체를 이어붙이는데 볼트와 너트가 사용됩니다. 볼트와 너트의 머리는 육각형으로 만들어졌지요. 단단하게 힘을 받쳐 분산시킬 수 있는 모양이 육각형입니다. 자전거 바퀴의 살은 6의 배수(대개 36개)로 만들어집니다. 회전하는 자전거 바퀴의 힘을 골고루 모아내고 지지하는 숫자가 바로 6입니다. 사진기의 조리개, 동그란 우산, 모자, 낙하산은 여섯 부분 또는 6의 배수로 이루어졌습니다. 사람들이 6, 여섯, 육각형의 힘을 이용하여 도구를 만들었습니다. 육각형의 타일은 빈틈을 남기지 않습니다. 육각형 타일의 주위를 여섯 타일이 둘러싸고 있는, 가장 효율적인 패턴을 이룹니다. 세계 여러 곳의 옛 도시들은 마치 계획적으로 육각형 격자 모양을 배열한 것처럼 만들었습니다. 육각형, 숫자 6은 효율적인 구조, 효과적인 상호작용, 패턴으로서 질서의 힘을 품고 있습니다.

왜 신은 6일 동안 세상을 창조했을까?

유대교와 기독교의 경전인 창세기에는, 신은 이 세상을 엿새 동안 만들었다고 쓰고 있습니다. 왜 하필 6일이었을까요? 6에는 분명 어떤 비밀이 담겨있는 것 같습니다. 유대인과 기독교의 신은 6일 동안 세상을 창조했습니다. 6일째 되는 날에 동물과 인간을 창조했지요. 예수는 6번째 날인 금요일에 6시간 동안 십자가에 못 박혀 죽었다고 전해집니다. 구약시대에는 6년 동안 농사를 짓고 7년째 되는 해에는 안식년을 가졌습니다. 기독교의 성경에서 6은 땅의 숫자, 인간의 삶과 세계를 가리키는 숫자입니다. 그래서 숫자 6은 완벽하고 완전한 신의 세계과 비교해서 불완전한 인간의 세계를 나타내는 수를 의미합니다.

유대인들은 다윗의 별이라고 부른다. 6각형의 별. 삼각형이 두 개 결합한 별이다. 6은 과연 신의 숫자일까? 6은 유대인들에게 어떤 관념과 의식을 불러오는 숫자임에 분명하다. 이스라엘은 자신들의 국기에 육각형의 별을 그렸다. 육각형 별(헥사그램)을 '솔로몬의 인장'이라고 불렀다. 유대인들은 이 상징을 '다윗의 방패'라 부르며 자랑스러워한다. 힌두교에서도 이 상징은 사용된다.

[눈송이에 담긴 6의 사연]

눈송이는 왜 육각형 별 모양으로 만들어지는 것일까?

"더 이상은 싫어! 그만둘 거라고!"
"맞아. 내 꼴이 이게 뭐람!"
어머, 이게 무슨 소리일까요? 누군가 싸우고 있는 것일까요?
"땅으로 바다로 내려갈 때마다 내 몸은 오물투성이가 된다고. 더 이상 내 몸을 더럽히고 싶지 않아!"

6명의 사람들. 고대 신화에는 6부족 이야기가 많이 나온다. 신라의 박혁거세는 6부족의 추대로 왕이 되었다. 왜 하필 6부족이었을까? 6은 '충분하다'라는 의미를 가졌던 것은 아닐까.

아하, 구름 위에 모인 물방울들이 긴급회의를 하고 있어요. 도대체 무슨 내용이길래 다들 저렇게 화를 내고 있는 걸까요? 물방울들은 땅으로 내려갈 준비를 하고 있었습니다. 하지만 땅에서 올라온 물방울들은 지칠 대로 지쳐있었죠. 그들은 땅에서 사람들과 동물들에게 먹힌 후 오줌이 되기도, 때로는 더러움을 씻어내는 수돗물이 되기도 하며 온갖 오물들을 뒤집어쓴 채 겨우겨우 다시 하늘로 올라온 것입니다. 그래서 다시 지구로 귀환해야 할 물방울들이 땅으로 돌아가기를 거부하기 시작했어요. 물방울들의 반역. 물방울들은 자신들이 왜 인간들의 몸을 씻기고 더러운 오물을 뒤집어써야 하느냐며 울먹였습니다. 저런, 물방울들의 처지가 너무 가엾네요. 물은 원래 깨끗했으며 순수했답니다. 그런데 땅으로 내려갈 때마다 인간들에게 헌신하면서 더럽고 수치스러운 물이 되곤 했지요.

"이럴 바에야 아예 아무도 우릴 사용하고 더럽힐 수 없도록 나쁜 물이 되어버리자!"

일부 과격한 물방울들이 소리쳤어요.

수억만 개의 물방울들은 과연 땅으로, 지구로 귀환할 수 있을까요? 한번 불만스러운 목소리가 나오자 여기저기서 비판과 공격적인 주장들이 쏟아져 나옵니다.

"우리 모두 깨끗한 물이 되지 말고 나쁜 물, 더러운 물로 삽시다. 깨끗한 물이 되면 또다시 인간들에게 이용당하고 맙니다. 지구로, 땅으로 내려가지 말고 하늘에서 검은 먹구름이 되어버립시다."

"옳소! 옳소!"

그런데 잠깐. 이게 무슨 소리죠? 어디선가 참으로 아름다운 목소리가 울려 퍼지고 있어요.

"과연 우리는 나쁜 물이 되어야 하는 걸까요? 그렇다면 우리는 무엇 때문에 살아야 할까요? 아름답지 않다면, 깨끗하고 순수할 수 없다면 우리는 왜 존재하는 것일까요? 도리어 가장 아름답고 깨끗하며 순수한 모습으로 등장하는 것이 현명하지 않을까요?"

　설득력이 있는, 호소력이 있는 목소리입니다. 멋있는 제안이에요. 가장 순수하고 아름다운 물방울의 모습은 과연 무엇일까요? 물방울 하나하나가 빛나면서 서로 가장 조화롭게 껴안을 수 있는 모습은 과연 어떤 현상일까요? 물방울들은 어떤 선택을 할까요?

　"그럼 이렇게 하자!"

　아, 물방울들이 선택한 천사의 모습은 바로 눈송이, 육각형 별 모양이군요. 그리고 그 빛깔은 완전한 흰색입니다. 물방울들은 가장 깨끗하고 순수하며 아무런 과거도 갖지 않는, 완전히 순결하게 청결한 몸이 되었습니다. 그리고는 지구로, 땅으로, 사람에게로 내립니다. 물방울들이 여섯 개의 꼭짓점으로 피어나는 하얀 눈송이로 변신합니다.

7 신은 7을 무척 좋아하셨다. 왜일까?
일주일은 왜 7일로 이루어져 있을까?

숫자 언어 7이 담고 있는 의미는 무엇일까?

우리는 7의 리듬 속에서 살고 있습니다. 7일로 한 주가 구성되어 있기 때문입니다. 7이 풍기는 사유의 냄새는 '완전함'과 '통일'입니다. 7일

하늘엔 무수히 많은 별들이 빛난다. 그 중 7개의 별을 연결하여 북두칠성을 만들었다. 인간의 희망과 소망이 일곱 개의 별을 만들어낸다.

의 리듬으로 삶의 일상은 완벽하게 돌아갑니다. 일곱 색깔 무지개로 빛의 정체는 완벽해졌습니다. 때로 '완벽한 숫자'라서 신의 질투를 받았을 수도 있습니다. 완벽함 때문에 행운의 숫자이기도 합니다. 완전함, 행운, 승리와 성취, 신성함, 지혜로움, 성공 등이 7의 다른 이름입니다.

신은 7을 무척 좋아하셨다. 왜?

일주일은 왜 7일일까요? 서기력을 사용하는 세계인들은 1주일이 7일인 리듬 속에서 살아갑니다. 6일 동안 일하고 7일째 되는 날을 휴일로 정했습니다. 달의 모양은 약 29.5일을 주기로 바뀝니다. 1개월은 달의 변화를 기준으로 삼은 것입니다. 한 달을 4주로 나누려면 대략 한 주가 7일이 됩니다. 왜 한 달을 4주로 나눴을까요? 달이 네 가지 모양, 보름달, 하현달, 초승달, 상현달로 이루어졌기 때문입니다. 일주일이 7일로 구성되는 것은 우리가 숫자 7의 리듬과 박자에 맞춰 살아가는 것을 의미합니다. 피아노, 바이올린 등 서양악기를 연주하는 음악은 모두 7음계(도레미파솔라시)입니다. 모든 감정을, 세계의 울림을 일곱 개의 음으로 표현합니다. 세상의 모든 소리를 일곱의 음으로 담아내는 것은 숫자 7의 힘을 가장 아름답게 감상하는 것입니다. 그리스 신화에 등장하는 아폴론의 리라는 일곱 개의 현으로 이루어져 있었답니다. 서양에서는 럭키 세븐이라고 하여 숫자 7을 행운의 숫자로 생각합니다.

왜 7세에 학교에 갈까?

대부분의 나라에서 아이들이 일곱 살이 되면 초등학교에 입학합

무지개색 빨주노초파남보 7가지는 인간의 생각이 만들어낸 것이다. 무지개에서 7가지색을 쏙 뽑아낸 것은 숫자 7에 대한 의미가 담겨 있다. 시각적 아름다움을 상징하는 무지개가 펼쳐진 언덕. 앞을 보지 못하여 눈을 감고 있는 여인. 그리고 엿보듯이 무지개를 보고 있는 소녀.

니다. 조선 시대까지 '남녀칠세부동석'이라고 해서 일곱 살이 되면서부터 남녀를 구분했습니다. 고대 그리스의 솔론이라는 사람은 사람의 일생을 7년씩 10단계로 나누었습니다. '첫 번째 7년이 지나면 젖니 대신 영구치가 나며, 두 번째 7년이 지나면 성적으로 성숙해진다. 세 번째 7년이 되면 남자들에게는 수염이 나고, 네 번째 7년은 인생의 절정기이다. 다섯 번째 7년은 결혼의 시기이고, 여섯 번째 7년은 분별력이 무르익는 시기이다. 일곱 번째 7년은 이성에 의해 영혼이 고귀해지는 단계이고, 여덟 번째 7년은 열정을 극복하고 공정함과 온유함에 이르게 되며, 열 번째 7년은 죽음을 맞이하기에 가장 적합한 시간이 된다.' 인간의 삶의 주기가 7~8년의 리듬으로 이루어진다고 믿었던 것입니다.

무지개색은 과연 7개의 색으로 이루어져 있을까?

우리는 무지개가 7가지 색으로 이루어져 있다고 믿습니다. 빨주노초파남보. 실제 태양의 빛은 수 만 가지 색입니다. 우리의 눈에, 우리의 생각으로 일곱 가지 색으로 구분하고 있는 것이지요. 고대 사람들은 이 세상의 모든 현상과 사물들이 일곱 단계를 거쳐 완전에 이른다고 믿었습니다. 숫자 7은 어떤 목표에 이르기 위해 거쳐야만 하는 필수적인 단계를 의미했습니다.

백설 공주는 일곱 난쟁이의 도움을 받습니다. 왜 하필 일곱 난쟁이였을까요. 백설 공주는 이 일곱 난쟁이의 도움을 받아 결국 왕자를 만날 수 있었습니다. 〈백설 공주〉 이야기에는 7, 일곱이 여러 곳에 등장합니다. 왕비의 위협을 피해 도망친 백설 공주가 찾아 들어간 집에는 작은 접시 일곱 개가 놓여 있었습니다. 일곱 개의 침대, 일곱 개의 컵과 숟가락 등 일곱 난쟁이의 집에는 7과 일곱으로 가득했습니다. 왕비는 변장하고 공주를 추적하는데 일곱 개의 산을 넘어야 합니다. 일곱 명의 난쟁이들은 백설 공주를 지키는 힘입니다. 일곱, 7은 백설 공주에서 행운과 축복의 숫자입니다.

하늘에 있는 일곱 개의 별

하늘에 빛나는 북두칠성은 행운의 별이었습니다. 늘 같은 곳에서 빛나는 북두칠성은 북극성과 함께 여행자의 별이었습니다. 여행자들에게 어디로 가야 할 지 방향을 알려주는 하늘의 등대였습니다. 북두칠성을 이루는 일곱 개의 별에서 고대 사람들은 숫자 7을 신성시했습니다. 백제가 만든 칠지도, 신라의 금관에서 볼 수 있는 일곱 개의 가지 등에서 신앙이 된 숫자 7을 만날 수 있습니다.

신밧드는 왜 일곱 번 여행을 떠났을까?

의학의 아버지라고 불리는 그리스의 히포크라테스는 7에는 만물을 새롭게 하는 비밀스러운 힘이 있다고 믿었습니다. 계단식 피라미드인 옛 바빌로니아의 신전은 7층으로 지었졌습니다. 에덴동산에 있었던 두 그루의 나무 중 생명의 나무는 각각 일곱 잎을 달고 있는 일곱 가지를 가지고 있었습니다. 유대교 의식에 쓰이는 일곱 가지 모양의 촛대 또한 생명의 나무를 본뜬 것입니다.

아라비안나이트에 등장하는 신밧드는 일곱 차례 항해에 나섰습니다. 성경에 등장하는 이스라엘의 영웅 삼손이 잘라버린 머리카락은 일곱 가닥이었습니다. 순례자들은 메카의 카바 신전 주위를 일곱 바퀴 돕니다. 깨끗하다고 여긴 동물들은 노아의 방주에 일곱 마리씩 올랐으며, 깨끗하지 못하다고 여겨진 동물들은 두 마리씩 올랐습니다. 불교의 석가모니는 태어나자 마자 사방으로 일곱 걸음을 걸었다고 전해집니다. 석가모니는 7년 동안 구도의 고행을 했으며, 명상 수행에 들어가기 전에 보리수나무를 일곱 바퀴 돌았다고 합니다. 숫자 7은 성취와 이루어짐의 숫자입니다. 동물농장을 쓴 조지 오웰은 '동물의 7계명'으로 숫자 7의 의미를 '모든 것을 담아내는 충분함'으로 사용했습니다.

[7이 숨기고 있는 신의 비밀이야기]

일주일은 왜 7일로 이루어져 있을까?

창세기는 말합니다. '신은 6일 동안 이 세상을 창조했고 7일째 되는 날 쉬었다.' 신은 피곤했던 것입니다. 사실 신은 원래 그렇게 부지런하지 않답니다. 신이 부지런해야 할 필요가 어디 있겠어요? 그런데 신이 오랜만에 6일 동안 열심히 일하셨습니다. 왜 그랬을까요? 시작부터 신은 짜증이 났어요. 너무 어두웠기 때문이죠. 신은 모든 것을 볼 수 있었지만, 어둠은 신의 모습을 감춰버렸습니다. 어둠 주제에 감히 신의 모습을 가리다니! 그래서 신이 명령하셨습니다.

"빛이 있어라!"

그러자 어둠이 '아이쿠야!' 하면서 물러갔답니다. 또한, 달이 7일마다 반달이 되고 또 7일이 지나면 온달이 되어 밤에도 세상을 비추었지요.

신은 왜 그렇게 열심히 세상을 만들었던 것일까요? 신에게도 지루함의 병이 찾아왔던 것일까요? 너무 외로워서 재미가 필요했던 것일까요? 하지만 신은 바이킹이나 놀이기구를 만든 것이 아니라 땅과 하늘을 만들었습니다. 세상의 끝까지 만든 겁니다. 그리고 그 끝에 7일이 있었지요. 아무리 신의 능력이 뛰어나다 하더라도 6일 동안 이 세상을 모두 만들었다는 것이 믿기지 않습니다. 하여튼 7일 이후로 신은 일을, 하지 않았습니다.

신이 6일 동안 성실하고 7일째 되는 하루 동안 게으른 삶을 보여준

뒤로 사람들은 모두 신을 따라 하기 시작했습니다. 하지만 6일간 일하는 것은 신이 가진 인내심입니다. 신은 먹지도 자지도 않고 일을 할 수 있습니다. 신은 화장실에 가지 않아요. 그러나 사람은 하루에 3번은 먹어야 할 정도로 위장이 작지요. 또한, 잠을 자야 하고 하루에도 몇 번씩 화장실에서 일을 봐야 합니다. 인간에게는 꼬박꼬박해야 할 일이 너무나 많습니다. 신과 처지가 전혀 다른 것입니다. 어쩌면 7일은 신의 리듬일 수도 있습니다. 신은 창조의 7일 이외에도 7이라는 자신의 숫자를 너무 많이 보여 주었거든요. 그래서 인간들은 7을 마치 신이 어떤 비밀을 담아 놓은 것처럼 여기게 되었습니다.

신이 특별히 사랑해서 특별재난대피소로 방주를 만들었던 노아는 40일 홍수가 그친 뒤 7일 후에 비둘기를 날려 보냈습니다. 노아가 어찌 7일이라는 것을 알았을까요? 이 세상 끝까지를 담아낸 숫자가 7이라는 것을 신이 알려주었을 것입니다.

일주일의 끝. 일요일은 합법적으로 게으름을 피우는 날입니다. 성실하지 않아도 되는 날, 일하지 않아도 되는 날, 쾌락과 즐거움에 취해도 양심의 가책을 느끼지 않아도 되는 날. 일요일이 다 가는 저녁이 되면, 다시 성실하고 금욕적인 첫날 월요일을 맞이하는 안타까움에 휩싸입니다. 우리는 월요일부터 여섯 날의 금욕적인 날들을 건너 드디어 7일째 되는 날 일요일이라는 게으름의 쾌락에 다다르지요.

8 아라크네는 왜 다리가 8개인 거미가 되었을까?

8에 담겨있는 생각, 관념들

자연수 8은 숫자가 어떤 관념과 생각을 불러오는가를 가장 잘 보여줍니다. 중국인들은 8을 숭배합니다. 행운, 복, 기쁨을 불러오는 숫자라고 믿습니다. 8은 다리가 여덟 개인 거미(Spider)의 숫자입니다.

그리스신화에 실을 짜는 여인으로 등장하는 아라크네, 그는 아테나의 저주로 거미가 되었다. 왜 하필 거미로 된 것일까? 8개의 다리를 가진 거미는 실로 베를 짜는 능력을 가진 것일까? 8개의 묶음에서 인간은 어떤 의미와 상징을 찾아냈던 것일까?

불교에서 8이 가장 많이 등장하는 이유는 무엇일까?

숫자 7이 하나의 완성, 전체를 가리키는 숫자였다면 7 다음의 숫자 8은 새로운 시작, 새로운 단계를 의미합니다. 그래서 숫자 7까지가 인간의 단계였다면 숫자 8은 인간의 단계를 넘어서서 신의 단계로 들어가는 숫자로 고대 사람들은 생각했습니다. 고대 바빌로니아에서 8은 '신들의 수'였습니다. 신은 8층으로 만들어진 신전에서 살았답니다. 그래서 8은 천국을 나타내는 수가 되었습니다. 불교에서는 8층 석탑, 8각형 석탑을 볼 수 있으며 뜨거움으로 가득한 8열 지옥과 차가움으로 가득한 8한 지옥에 대해 이야기를 합니다. 불교에서는 깨달음에 이르는 길을 여덟 단계로 제시합니다. 바로 팔정도(八正道)입니다. ① 정견(正見):올바로 보는 것. ② 정사(正思:正思惟):올바로 생각하는 것. ③ 정어(正語):올바로 말하는 것. ④ 정업(正業):올바로 행동하는 것. ⑤ 정명(正命):올바로 목숨을 유지하는 것. ⑥ 정근(正勤:正精進):올바로 부지런히 노력하는 것. ⑦ 정념(正念):올바로 기억하고 생각하는 것. ⑧ 정정(正定):올바로 마음을 안정하는 것.

불교의 경전에 등장하는 깨달음의 수레바퀴는 8개의 바퀴살을 가지고 있으며, 꽃잎이 여덟 개이며 진흙 속에서 아름다운 꽃을 피우는 연꽃은 불교를 상징하는 꽃이 되었습니다. 힌두교의 신 비슈누는 여덟 개의 팔을 가진 모습으로 그려집니다. 비슈누는 여덟 개의 팔로 세상을 지킵니다.

거미의 숫자 8, 아라크네는 왜 거미가 되었을까?

8은 거미의 숫자입니다. 다리가 8개인 거미. 거미는 곤충이 아닙니다. 곤충은 세 부분의 몸과 여섯 개의 다리, 두 개의 더듬이를 가지고 있어야 합니다. 거미는 두 부분의 몸과 여덟 개의 다리를 가지고 있으며, 더듬이가 없습니다. 거미류를 영어로 arachnid라고 하는데, 그리스 신화에 등장하는 아라크네(Arachne)를 말합니다. 문어의 다리도 8개입니다.

팔방미인, 중국 사람들은 왜 8을 좋아할까?

세계에서 숫자 8을 가장 좋아하는 사람들은 중국인들입니다. 좋아하는 정도를 넘어서 열광적으로 숫자 8을 행운, 복을 가져다주는 숫자로 여깁니다. 중국 발음으로 숫자 8은 '돈을 번다'라는 '파'와 비슷해 재물운과 행운을 상징하기 때문입니다. 그 때문에 8, 88, 888, 8888 등이 자동차, 아파트, 휴대전화 등 번호로 쓰이는 것을 행운으로 여깁니다. 2008년, 중국 베이징 올림픽의 개막일과 시간은 8월 8일 저녁 8시 8분 8초였답니다.

고조선의 백성이 지켜야 할 8가지 법은 무엇인가?

고조선 사회의 법률로, 8조 법이 있었습니다. 8조 법은 고조선에 있었던 우리나라 최초의 법률입니다. 모두 8개의 조항으로 이루어져 있으며, '법금 8조' 또는 '8조 금법'이라고도 부릅니다. 지금은 아래의 세 가지

조항만 전해 옵니다.

① 살인자는 즉시 사형에 처한다.
② 남을 다치게 한 자는 곡식으로 보상한다.
③ 도둑질한 자는 노예로 삼는다. 용서받으려면 50만 전(냥)을 내야 한다.

한반도는 팔도로 나뉩니다.(강원도·경기도·경상도·전라도·충청도·평안도·황해도·함경도) 인간의 몸은 8등신일 때 가장 아름답다고 알려져 있습니다. 모든 일에 능통한 사람을 일컬어서 '팔방미인'이라고 합니다. 동, 서, 남, 북의 사방과 북동, 북서, 남동, 남서의 사우를 합한 여덟 방위를 팔방이라 합니다.

예수는 왜 8가지 복을 말했을까?

불교에서 깨달음에 이르는 것은 여덟 단계를 거쳐야 한다. 하나씩 깨달아 8개에 이르면 깨달음이 완성된다는 것이지, 아니면 완벽한 깨달음에 이르기 위해서 8번의 시험을 거쳐야 하는 것일까. 불교에서 중요한 숫자인 108에도 8이 들어가 있다.

예수는 산에서 8가지 복된 사람에 대해 연설을 합니다. 복 받을 여덟 종류의 사람들은 첫째, 가난한 사람 둘째, 슬퍼하는 사람 셋째, 온유한 사람 넷째, 옳은 일에 굶주리고 목마른 사람 다섯째, 자비로운 사람 여섯째, 마음이 깨끗한 사람 일곱째, 평화를 추구하는 사람 여덟째, 옳은 일을 하다가 박해를 받은 사람 등입니다. 구약성경에 대홍수가 났을 때 노아의 방주에 타고 살아남은 사람은 총 여덟 명이라고 쓰고 있습니다. 이스라엘의 조상이 되는 아브라함의 아들은 여덟 명이었습니다. 제8일은 예수가 부활한 날입니다. 기독교에서 8은 세례의 숫자입니다. 세례를 받는 것은 다시 부활하는 의식이지요. 세례는 기독교인들에게 영원한 삶의 은총을 약속하는 것이다.

[8에 담긴 거미 이야기]

아라크네의 비밀

오늘도 거미, 아라크네는 입에서 실을 뽑아내어 집을 짓습니다. 사실 아라크네는 거미가 아닌 사람이었답니다. 아름다웠던 아라크네는 어쩌다 거미가 되었을까요? 아라크네의 아버지는 염색의 달인이었습니다. 온갖 아름다운 색깔의 천을 만들어내었던 아버지 곁에서 아라크네는 실과 천으로 아름다운 이야기를 수놓기도 하고 그림을 그리기도 했지요. 아라크네는 베 짜기, 천에 온갖 이야기를 수놓는 달인이 되었던 것입니다. 아라크네는 최고의 패션디자이너이자 예술가가 되었답니다.

아라크네의 탁월한 솜씨는 점점 더 유명해졌고 사람들은 아라크네의 작품을 보기 위해서 몰려들었습니다. 사람들은 그녀의 솜씨가 신의 경지에 이르렀다고 하며 직물, 베 짜기, 천 만들기의 여신인 아테나와 비교하기 시작했어요.

"아라크네는 분명 직물과 솜씨의 여신 아테나의 제자일 거야! 그러지 않고서 이렇게 잘 할 수는 없지."

그러나 아라크네가 말했습니다.

"아니에요, 저는 아테나 여신에게 배우지 않았어요. 실력은 제가 더 뛰어날걸요? 여신과 겨루어도 이길 자신이 있어요!"

아라크네는 교만했던 것일까요, 아니면 아버지로부터 배움이 더 많았던 것일까요? 아라크네는 신을 부정하고 말았습니다. 아테나는 마음이 상하고 말았어요.

"인간 주제에 감히 여신을 이길 수 있다고 말하다니!"

아테나는 노파로 변장하고 아라크네를 찾아가 충고했습니다.

"인간은 신을 이길 수 없어요. 신을 부정하는 행위는 그들을 화나게 할 겁니다."

하지만 아라크네는 충고를 거부하고 여신에게 대결을 신청합니다. 이렇게 해서 '아테나와 아라크네의 베 짜기와 수놓기 결투'가 시작되었습니다.

작품이 완성되어 갈수록 아테나는 불길한 예감에 휩싸였어요. 자신이 패배할 것 같은 불길한 예감이 들었기 때문이죠. 만들기 솜씨와 기술, 온갖 지혜를 관장하는 여신이 평민의 자식인 가난한 소녀에게 패배하다니. 더구나 아라크네는 신들의 비리를 폭로하는 그림을 수놓았습니다. 아테나는 너무 화가 나서 스스로 목숨을 끊으려는 아라크네를 다리가 8개인 거미로 만들어버렸습니다.

아테나는 아라크네에게 아름다운 소녀의 모습을 빼앗았습니다. 사람의 모습은 사라지고 오직 그녀의 위대한 능력, 실로 베를 짜는 능력만 살아남았습니다. 실을 뽑고 천을 짜는 능력에 8개의 다리가 필요했던 것일까요? 아라크네는 개구리왕자처럼 저주를 풀고 아름다운 소녀로 돌아올 수 있을까요?

9 구미호(九尾狐)는 왜 꼬리가 9개일까? 꼬리가 아홉 개인 여우는 과연 사람이 될 수 있을까?

9는 무엇을 담고 있는 언어일까?

9가 그리는 세계는 '완성에 이르는 그곳'입니다. 9에 이르면 모든 존재가 최고의 상태에 도달하고, 거룩한 존재가 됩니다. 사람은 엄마의 자궁 속에서 9달을 살다가 드디어 세상으로 나옵니다. 9의 다른 이름은 최

김만중은 구운몽에서 왜 아홉 개의 꿈을 이야기하는 것일까? 1명의 주인공과 여덟명의 선녀가 등장한다. 왜 아홉명의 사람을 등장인물로 삼았을까? 9에 담긴 관념은 무엇일까? 중국의 시인 소동파는 '아홉 개의 구름'을 '넓은 마음'으로 해석했다고 한다.

대치, 한계점, 최고점, 변환점, 지평선 등입니다.

구미호(九尾狐)는 왜 꼬리가 9개일까?

여우는 인간이 되고 싶었습니다. 여우가 천년을 살면 꼬리가 아홉 개 달린 구미호가 됩니다. 구미호가 인간이 될 수 있는 길은 무엇일까요? 구미호는 아름다운 여자로 둔갑해 사랑하는 남자와 결혼을 하고, 자신의 정체를 들키지 않고 그 남자와 백일을 같이 살면 인간이 될 수 있습니다. 과연 구미호는 인간이 될 수 있을까요? 그런데 구미호는 왜 꼬리가 아홉 개일까요? 꼬리는 유혹의 상징입니다. 꼬리가 아홉 개인 것은 그만큼 다양하게 변신을 하면서 현혹하는 능력을 가졌다는 의미입니다. 구미호는 변신의 달인, 경지에 오른 여우입니다.

인간이 만든 9의 문화, 9를 사용하는 법

숫자 9는 호메로스의 오디세이아에도 등장합니다. 트로이는 9년 동안 포위되었습니다. 그리스의 영웅 오디세우스는 트로이 전쟁이 끝난 뒤 9년 동안 헤매다 겨우 이타케로 돌아옵니다. 수확의 신, 곡물의 여신인 데메테르는 종종 아홉 개의 밀알과 함께 등장합니다. 납치된 딸을 9일 동안이나 찾아 헤매다가 마침내 지하에서 딸을 찾습니다. 페르세포네는 일년 중 수확이 이루어지는 아홉 달은 지상에서 보내고, 땅이 수확을 못 하는 석 달 동안은 하계에서 보냅니다.

몽고족의 황제 칸Khan 앞에서는 머리를 아홉 번 조아려야 했으며, 칸의 주위에는 아홉 개의 깃발이 세워져 있었습니다. 셰익스피어의 작품에서 불길한 운명을 예언하는 마녀들은 주문을 외웁니다. '바다와 육지의 연락꾼인 마녀 자매들은 서로 손을 붙잡고 빙빙 도는구나. 세 번은 너를 위해, 세 번은 나를 위해, 그리고 다시 세 번을 더하여 아홉 번을 돈다.'

절에는 9층 석탑들이 많습니다. 왜 탑을 쌓을 때 9층으로 만들었을까요? 야구는 9회 동안 아홉 명의 선수가 경기를 펼칩니다. 9는 10이 되기에 하나가 모자라요. 끝없이 높고 넓은 하늘을 십만 리 장천이라고 하지 않고 구만리 장천이라고 합니다. 젊은이더러 앞이 구만리 같은 사람이라고 합니다. 왕이 사는 왕궁을 구중궁궐이라 하고, 죽을 고비를 수도 없이 넘기고 살아난 것을 구사일생이라고 합니다. 숫자 9는 어떤 비밀스러운 힘을 가지고 있는 것이 분명합니다.

숫자 9가 발휘하는
힘은 과연 무엇일까?

그리스 신화에는 9명의 뮤즈가 등장합니다. 기억의 여신 므네모시네와 제우스가 아홉 날 사랑을 통해 9명의 뮤즈를 낳지요. 9명의 뮤즈들이 음악 등 예술영역을 담당하게 됩니다. 이집트 신화에는 9명의 주신이 있습니다. 중국에서는 9를 황제의 숫자로 여겨요. 바둑에는 최고의 경지를 9단으로 합니다. 10단은 없습니다. 제우스와 므네모시네의 결합. 예술은 최고의 힘과 기억이 결합하여 탄생했습니다. 그런데 왜 9일 동안 사랑하여 9명을 낳은 것일까요? 그리스 신들의 계보를 기록한 헤시오도스의 신통기에도 9가 등장합니다. "만약 청동 모루를 지상에서 아래로 떨어뜨리면 그 모루는 아흐레 밤낮을 떨어져서 열흘째 되는 밤에야 비로소 타르타로스에 부딪힐 것이다." 타르타로스는 사람이 죽은 뒤에 가는 곳입니다. 타르타로스는 어느 정도의 거리에 있을까? 무거운 청동 모루가 9일 동안 떨어져야 갈 수 있는 거리, 셀 수 없이 먼 거리를 표현했습니다.

학생이 아홉명이다. 나이가 서로 다른 학생들이 모여 있다. 김홍도는 왜 학생을 9명으로 등장시켰을까? 서당의 정원이 9명이었던 것일까? 김홍도에게 9는 어떤 의미를 가지고 있을까? 숫자는 의미를 가지고 있는 언어이다.

올림포스 신들도 잘못하면 형벌을 받았습니다. 신들이 처벌받는 것 중에 거짓 맹세를 하면 받는 벌이 있습니다. 9년 동안 숨도 못 쉬고, 소리도 내지 못하고 오직 침대에 누워있어야만 하는 벌을 받았습니다. 9년 동안 벌을 받은 뒤에야 복귀할 수 있습니다. 왜 하필 9년 동안 벌을 받았을까요?

9의 너머에는 무엇이 있을까요?
차원 이동을 준비하는 숫자

9는 1이 쌓여서 도달할 수 있는 가장 큰 수입니다. 9 다음에 10이 되면 다른 모양과 차원으로 변해버립니다. 이래서 9는 한 단계 안에서 이를 수 있는 최고의 지점을 의미합니다. 은하철도 999. 소년이 기계 인간으로 되는 과정을 그린 만화영화입니다. 기차 이름이 왜 999호일까요? 이 기차는 인간을 기계로 만들어 주는, 다른 차원으로 변화하는 기차입니다. 다른 존재가 되는 기차, 다른 차원으로 달라지는 곳까지 달려가는 마지막 열차의 상징적인 표현이 999입니다. 숫자 9는 마지막에 도착한 수입니다. 1부터 시작해서 자연수의 끝에 이르렀습니다. 그래서 9를 '종착역' 또는 '완성에 이르는 곳', '최고의 경지'라고 불렀습니다. 9는 어떤 노력을 통해서 다다를 수 있는 최고의 단계와 경지를 말합니다. 9는 더 이상 넘어갈 수 없는 한계이자 극한이며 언덕이고 봉우리입니다. 고대 그리스인들은 9를 '지평선'이라고 불렀습니다.

숫자 9에서 발견하는 공통점, 추상적인 성질은 무엇일까?

숫자 9는 속세와 초월적인 무한 사이의 경계를 나타냅니다. 이곳과 저곳, 달인의 경지에 오른 절정의 지점. 9는 완성의 수이자 새로운 세계가 시작되는 곳입니다. 아이들은 어머니의 자궁 속에서 9달을 지내고 세상에 나옵니다. 자궁 속의 아홉 달을 지낸 것처럼, 이제 우리는 아는 것을 넘어선 새로운 생명으로 탄생할 준비가 되었습니다. 지평선을 넘어, 곧 수와 측정으로 도달할 수 있는 영역을 넘어 나아가는 것입니다.

[9에 담긴 여우이야기]

꼬리가 아홉 개인 여우는 과연 사람이 될 수 있을까?

천년 동안 열심히 수행을 쌓은 여우는, 여우로서 최고의 경지에 오른답니다. 최고의 경지에 오른 여우는 '천호'라는 이름을 가지지요. 천호는 아홉 개의 꼬리와 금 빛깔의 털을 가지고 있습니다. 맞아요, 여러분들이 알고 있는 '구미호'가 되는 것이랍니다. 여우는 500년을 수행할 때마다 꼬리가 둘로 갈라지며, 꼬리가 아홉 개가 되면 드디어 죽지 않는 불사의 존재가 된다고 합니다. 여우는 한번 공중회전을 할 때마다 변신할 수 있다는 사실, 알고 계셨나요? 아홉 개의 꼬리는 여우가 최고의 변신술을 부

꼬리가 아홉 개인 여우. 왜 여우는 사람이 되고 싶어하는 것일까? 왜 하필 꼬리가 아홉 개여야만 하는 것일까? 꼬리 아홉 개는 어떤 능력을 의미하는 것일까? 9개의 묶음에서 인간이 발견하고 추상화한 의미는 무엇일까?

릴 수 있는 경지에 이르렀음을 나타냅니다.

  그 변신술 덕분에 구미호가 사람으로 변신한 적이 있답니다. 중국의 '달기'이지요. 달기는 중국의 은나라 마지막 왕인 주왕의 후궁이 되어 왕을 홀리고 유혹하여 나랏일을 망치고 나라를 망하게 했다고 합니다. 또 다른 이야기로 이때 달기는 죽지 않고 살아서 일본으로 건너가 일본 천황의 후궁이 되었다고도 전해집니다. 사람으로 변신한 구미호는 거울을 비추면 자신의 정체가 드러난다고 해요. '거울은 거짓말을 하지 않는다'라는 말을 들어보았나요? 구미호를 비추면 원래의 모습을 숨김없이 보여주기 때문에 나온 말이지요.

참고도서

수학의 몽상 | 이진경(지은이) | 휴머니스트
수학자는 어떻게 사고하는가 | 윌리엄 바이어스(지은이), 고중숙(옮긴이) |
 경문북스
도대체 수학이란 무엇인가? | 로이벤 허시(지은이) | 허민(옮긴이) | 경문북스
아름다운, 너무나 아름다운 수학 | K. C. 콜(지은이), 박영훈(옮긴이) | 경문북스
신은 수학자인가? | 마리오 리비오(지은이), 김정은(옮긴이) | 열린과학
물질, 정신 그리고 수학 | 장 피에르 샹제, 알렝 콘느(지은이), 강주헌(옮긴이) |
 경문북스
자연, 예술, 과학의 수학적 원형 | 마이클 슈나이더(지은이), 이충호 옮긴이) |
 경문북스
자연의 수학적 본성 | 이언 스튜어트(지은이) | 동아출판사(두산)
수학, 문명을 지배하다 | 모리스 클라인(지은이), 박영훈(옮긴이) | 경문북스
수학 바로 보기 | 고중숙(지은이) | 텔림
수, 과학의 언어 | 토비아스 단치히(지은이), 권혜승(옮긴이) | 한승
수량화혁명 | 앨프리드 W. 크로스비(지은이), 김병화(옮긴이) | 심산
우주의 구멍 | K. C. 콜(지은이), 김희봉(옮긴이) | 해냄
수학의 언어 | 케이스 데블린(지은이), 전대호(옮긴이) | 해나무
무한의 신비 | 아미르 D. 악젤(지은이), 신현용, 승영조(옮긴이) | 승산
이것은 수학입니까? | 데이비드 벌린스키(지은이), 이경아(옮긴이) | 에이도스
수학과 세계 | 루돌프 타쉬너(지은이), 송소민(옮긴이) | 알마
어느 수학자의 변명 | 고드프레이 해럴드 하디(지은이), 정회성(옮긴이) | 세시
숫자는 어떻게 세상을 지배하는가 - 우리 사회를 위기로 몰아넣는 숫자의 교묘한
 거짓말
로렌조 피오라몬티(지은이), 박지훈(옮긴이) 더좋은책
수학에 관한 어마어마한 이야기 미카엘 로네(지은이), 김아애(옮긴이),
 박영훈(감수)

수학하는 신체 모리타 마사오(지은이), 박동섭(옮긴이) 에듀니티
대칭-자연의 패턴 속으로 떠나는 여행 | 마커스 드 사토이(지은이),
   안지민(옮긴이) 승산
수학: 양식의 과학 | 케이스 데블린(지은이), 허민, 오혜영(옮긴이) 경문사
숫자의 비밀-숨겨진 숫자의 비밀을 찾아서 마리안 프라이베르거, 레이첼
   토머스(지은이), 이경희, 김영은, 윤미선, 김은현(옮긴이) 한솔아카데미
즐거운 숫자 문명사전-피터 데피로,메리 데스몬드 핀코위시(지은이),
   김이경(옮긴이) 서해문집
수의 신비-숫자는 어떻게 태어나, 어떤 상징과 마법의 힘을 갖게 되었나
마르크 알랭 우아크냉(지은이), 변광배(옮긴이) 살림
숫자의 비밀-오토 베츠(지은이), 배진아, 김혜진(옮긴이) | 도서출판 다시
1초의 세계, 야마모토 료이치 | 눈과 마음